セキュリティポリシーの上手な作り方

ネットビジネスのセキュリティ

島田 裕次
榎木 千昭
満塩 尚史

日科技連

まえがき

　セキュリティという言葉は，「攻め」というよりは「守り」のイメージが強く，これまでは，セキュリティ対策はやむを得ず行うという傾向が少なからずあった．しかし，インターネットを利用したビジネス活動の拡大によって，このような考え方を改めざるを得ない状況になった．

　インターネットを利用したビジネス，つまりネットビジネスを成功させるためには，顧客に対してネットビジネスを利用しても安全だということ，つまりセキュリティをアピールすることが不可欠である．

　情報セキュリティに関する書籍は多く出版されるようになってきたが，ほとんどは技術的なもので，セキュリティを確保するための基本的な考え方となるセキュリティポリシーに関する解説書は少ない．本書は，ネットビジネスのセキュリティを，主としてセキュリティポリシーの視点から解説したものである．セキュリティポリシーを策定しようとする情報システム部門や総務部門などの管理者および担当者の方々に役立つように，セキュリティポリシーのモデルを提案している．これが本書の特長である．

　本書では，セキュリティポリシーの策定の手順を説明したうえで，具体的なセキュリティポリシーのモデルを提案し，その内容と運用上のポイントを解説している．

　本書の利用に際しては，提案したセキュリティポリシーのモデルを参考にして，自社のセキュリティに対する基本方針，既に策定している各種規程・マニュアル類，情報システム環境などを把握して，加筆・修正を行っていただきたい．また，本書で提案するセキュリティポリシーは，ネットビジネスだけではなく，情報セキュリティ全般に利用できるようになっている．ネットビジネスのセキュリティを契機として，情報セキュリティ全体を見直す「きっかけ」とするとよい．

　ところで，わが国政府でも情報セキュリティ対策推進会議を2000年2月に

まえがき

設置し，セキュリティポリシーの策定に取り組んでいる．同会議では，各省庁向けの「情報セキュリティポリシーに関するガイドライン」を策定し，これを受けて各省庁において2000年中に情報セキュリティポリシーを文書化する予定である．こうした動きを受けて，今後セキュリティポリシー策定の動きが拡大することになろう．

本書の構成は，次のとおりである．第1章では，ネットビジネスとセキュリティについて概説する．特に，ネットビジネスにおいては，セキュリティポリシーがなぜ重要なのかという点を強調する．

第2章では，セキュリティポリシーの策定手順について述べる．インターネットが普及した状況では，情報システム部門よりも利用者を含めた全社的なセキュリティへの取り組みが不可欠である．したがって，企業全体でのセキュリティ水準を向上できるようなセキュリティポリシーの策定手順を示す．

第3章では，セキュリティポリシー策定の前提となるリスク評価について説明する．ネットビジネスのリスクは情報システムのリスクの一部であることから，情報システムのリスク評価について述べる．

第4章では，セキュリティポリシーのプラクティス（運用）について述べる．セキュリティをより確固たるものとするためには，セキュリティポリシーを策定しただけでは不十分である．セキュリティポリシーに従って具体的なセキュリティ対策を構築し，それを運用していかなければならない．

第5章では，セキュリティポリシーの体系を説明した後，具体的なモデルを提案する．セキュリティポリシーは，基本方針とスタンダード（基準）に分けられる．スタンダードには，基本方針に従って具体的な事項についての取扱いが定められている．ここでは，基本方針とスタンダードのモデルを提案し，その項目の解説および運用上のポイントを説明する．

本書で提案した基本方針およびスタンダードのモデルについては，希望される読者にワープロのファイルを提供することにしているので，これを利用し加筆・修正して活用していただければ幸いである．詳細は，本書の巻末を参照されたい．

なお，本書は，海外の情報セキュリティやシステム監査事情に詳しいKPMGビジネスアシュアランスの榎木千昭，満塩尚史の両氏と執筆している．執筆に際しては，筆者らの勤務先のご支援をいただいており，この場を借りて感謝申し上げたい．また，日科技連出版社の鈴木兄宏氏には編集に際して貴重なご意見をいただいており，御礼申し上げる．

　最後に，本書がネットビジネスを展開する企業の参考となり，ネットビジネスのセキュリティ確保に貢献できれば幸いである．

2000年6月

島　田　裕　次

目　　次

まえがき　　iii

プロローグ　ネットビジネスに潜むリスク　　1

第Ⅰ部　セキュリティポリシーの意義と策定方法

第1章　ネットビジネスにおけるセキュリティの重要性 ……13
1.1　拡大するインターネットとビジネスの変革　　14
1.2　ネットビジネスでのリスク拡大　　18
1.3　ネットビジネスの必須要件としてのセキュリティ　　21
1.4　セキュリティ対策とセキュリティポリシーの関係　　25
1.5　セキュリティ教育の必要性　　28

第2章　セキュリティポリシーの策定方法 ………………29
2.1　セキュリティポリシーの体系　　30
2.2　セキュリティポリシー導入における経営トップの関与　　34
2.3　セキュリティポリシーの策定手順　　38

第3章　リスクの評価 ……………………………………49
3.1　セキュリティポリシー策定におけるリスク評価の目的　　50
3.2　セキュリティポリシー導入と残余リスク　　51
3.3　リスク評価の手順　　52
3.4　セキュリティポリシー改定時におけるリスク評価　　64

3.5　ネットビジネスにおけるリスクの特徴　　65

第4章　セキュリティポリシーの導入と運用 …………………… 67
　　4.1　導入作業　　69
　　4.2　セキュリティポリシーの運用　　76
　　4.3　新しい企業カルチャーの創造　　81

第II部　実務に使えるセキュリティポリシー

第5章　セキュリティポリシーのモデル …………………… 85
　　5.1　セキュリティポリシーの体系　　86
　　5.2　情報セキュリティ基本方針書　　91
　　5.3　セキュリティスタンダード　　97
　　　　5.3.1　情報セキュリティ規程　　97
　　　　5.3.2　ネットビジネス管理規程　　129
　　　　5.3.3　電子情報管理規程　　148
　　　　5.3.4　顧客情報管理規程　　159
　　　　5.3.5　機器・設備管理規程　　178
　　　　5.3.6　社内ネットワーク管理規程　　188
　　　　5.3.7　外部ネットワーク利用規程　　195
　　　　5.3.8　業務継続規程　　202
　　　　5.3.9　外部委託管理規程　　208
　　　　付録　外部委託契約におけるセキュリティに関するチェックリスト　　212

索　引 ………………………………………………………… 215

プロローグ

ネットビジネスに潜むリスク

1. 目に見えないリスク

　ネット書店，ネット証券，ネットオークションなど，インターネットの急速な普及にともなってネットビジネスが急拡大しつつある．ネットビジネスには，目に見えないリスクが多数存在する（図1参照）．例えば，次のようなリスクが考えられる．

① ホームページ上の商品価格がハッカーによって書き換えられて，代金の決済時に顧客とトラブルになる．

② インターネットによる株式の売買注文のデータ（価格，株数）が，システムトラブルによって届かず，売買に関して顧客からクレームが発生し，企業の信用を落とす．

図1 ● ネットビジネスにおけるリスク分類

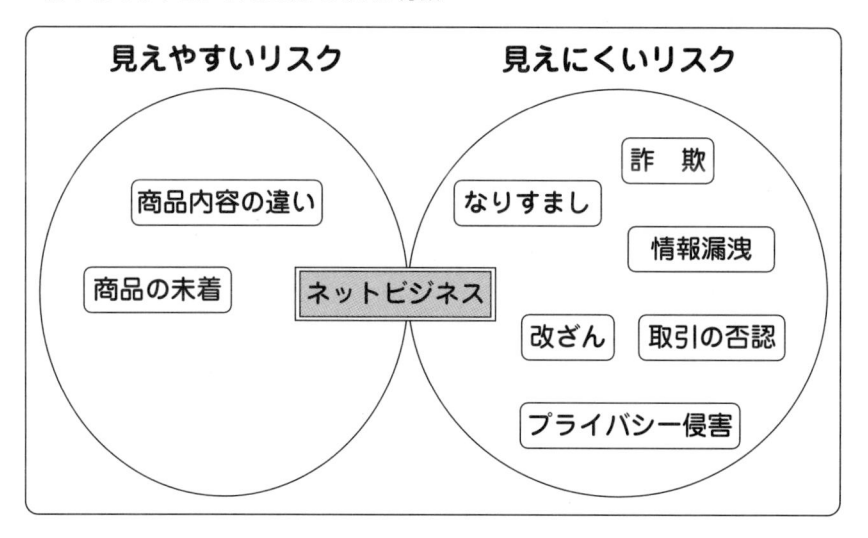

```
      見えやすいリスク          見えにくいリスク

                                              ┌─詐　欺─┐
        ┌商品内容の違い┐      ┌なりすまし┐
                                              ┌情報漏洩┐
        ┌商品の未着┐  ┌ネットビジネス┐
                              ┌改ざん┐ ┌取引の否認┐
                              ┌プライバシー侵害┐
```

プロローグ

③ 株式の売買注文データを通信障害やシステム障害によって正しく処理できないために，顧客とのトラブルになる．
④ ネットオークションで落札した参加者が実在せず，オークション取引が不成立となり，オークションの主催企業および出品者にとって大きな損失となる．
⑤ ネットビジネス・システムがトラブルで停止して，競合他社に顧客を取られ，売上が減少する．
⑥ ハッカーによって顧客情報が盗まれ，企業の信用を落とすとともに，顧客から訴訟を受ける．
⑦ 受発注データが途中で改ざんされ，販売や製造プロセスが混乱する．
⑧ ネットを通じて原材料や商品などの注文を行い，手付金を支払ったが納品されず，該当のホームページもなくなる．
⑨ ネットビジネス用のウェブサーバーがハッカーの攻撃を受け，ビジネス活動が行えなくなる．
⑩ 顧客からネットを通じてクレジットカード払いで受注したが，盗難にあったクレジットカード番号であり，決済で問題になる．

これらのリスクは，従来の商取引でも起こっていたことだが，ビジネスのインターネット化によってリスクが大きくなったものである．ネットビジネスは，いわばネットワークという仮想世界をプラットフォームにした活動であり，現実世界とは異なりリスクが目に見えにくいのが特徴である．

2. 個人パワーの増大

インターネットは，企業のビジネスチャンスを創出するだけではなく，一方で個人（消費者）パワーも増大させる．ホームページを利用すると，不特定多数の者に自分の考えを伝えることが可能になり，自分の欲しい商品やサービスをインターネットで自由に検索できる．また，企業に対する意見をホームページに掲載したりすることも可能になる．具体的には，次のように個人パワーが増大する．

① 個人のネットビジネスへの参入

インターネットは，企業のビジネスチャンスを拡大させるだけではなく，顧客のパワーも増大させる．ネットビジネスには，個人も容易に参入できる．例えば，楽天市場（http://www.rakuten.co.jp）などで行われているネット上の「フリーマーケット」がそれである．

② 個人の購買力の増大

米国のプライスライン（http://www.priceline.com）が行っている逆オークションに代表されるように，インターネットを利用して希望する商品や価格を個人（消費者）が要求できるようになる．例えば，東京からニューヨークまでの航空券について，日程，上限価格などをネット上で公開し，それに対して航空会社が予約状況などを検討して，顧客に価格を提示する．顧客は，最も安い航空会社を選択し航空券を購入するという取引が可能になった．

③ 個人の発言力の強化

インターネットによって個人の発言力が革新的に強まっている．企業の顧客応対などに問題があった場合に，ホームページを通じて当該企業に対するクレームを広く情報発信できるようになった．クレームの内容によっては話題が話題をよび，企業にとって大きなダメージになるおそれがある．これは，ネットビジネスに特有の問題というわけではなく，ネット社会に共通の問題である．このような個人の発言力の増大について，企業は十分に注意する必要がある．

ホームページによる企業批判

福岡市の会社員がビデオデッキの修理をめぐって，大手電機メーカーの対応をホームページ上で批判した事件がある．企業側への苦情や質問が多数にのぼり，最終的には当該企業の副社長が謝罪する事態になった．この事件は，インターネットの威力を社会に証明したものといえよう．このほかに，子供へのいじめに対して，ホームページ上で学校側の対応を批判した事件があり，アクセス件数は4万件を超えた．

これらの事件では，企業側とのやり取りを録音した音声ファイルや，写真をホームページで公表していることが特徴である．

つまり企業は，経営戦略上，以上のような個人パワーの増大に対応したビジネスプロセスを採り入れざるを得なくなったということである．

3. ボーダーレス化にともなうリスク

インターネットを利用すると，時間的・空間的な制約がなくなり，世界各地とリアルタイムで情報の収集や発信が可能になる．取引相手が拡大し競争が促進され，ビジネスチャンスが拡大するというメリットがある反面，次のような新しいリスクが発生する．

① **取引上のリスク**

ネットビジネスでは，取引における時間的・空間的な制約がなくなる．インターネットを利用すれば，不特定多数の顧客や取引先に対して瞬時に商品やサービスの情報を発信し，受注することが可能になる．また，海外からの受発注も容易である．しかし，受注や発注がいつ行われたのか，わが国の法律が適用されるのか，外国の法律が適用されるのか，といった取引のボーダーレス化による問題も発生する．

② **海外からの不正アクセス**

ハッカーは日本国内だけにいるわけではない．海外のハッカーは，国内に比べて圧倒的に人数が多く，技術力も高い．したがって，海外からの不正アクセスに対する備えが必要になる．

4. 商品および物流の変化

(1) 物流のデジタル化

ネットビジネスでは，商品をデジタルデータとして送信するものがある．ソフトウェア，データベース，音楽などがその例に挙げられる．従来の方法では，CD-ROMやフロッピーディスクなどの媒体を利用して送付していたが，ネットを利用すれば直接デジタルデータで送信できる．こうした新しい物流形態になると，配送がリアルタイム化され，物流コストも大幅に低減する．CD会社やビデオレンタル会社などの物流やビジネスプロセスに大きな変革をもたらすこ

> **知的財産権をめぐる事件**
> ① ホームページに小説の一部を無断で掲載した企業が，作家の抗議によって当該部分をホームページから削除した事件がある．
> ② 米国のアマゾン・ドット・コム社は，「ワン・クリック・オーダー」とよばれるインターネットでの買物の利便性を高める機能について特許を取得した．このような特許は，「ビジネスモデル特許」とよばれるが，ネットビジネスの拡大にともなって，特許権を背景とした訴訟やパテント料の問題が生じる可能性がある．

とになる．

（2） 知的財産権のリスク

　音楽，映像，小説などの著作物がデジタル化されると，その複製も簡単かつ大量に行えるようになる．その結果，デジタルコンテンツにかかわる著作権侵害のリスクが増大する．また，インターネットを利用した新しいビジネス手法は，ビジネスモデル特許として権利化できる．競合他社などによる自社のビジネスモデルの模倣を防止するために，特許出願など，自社の知的財産権を保護する取組みが必要である．

5．ネットビジネス成功の条件
（1） 顧客側の不安

　ネットビジネスを利用しない最大の理由は，ネットビジネスを利用しても「本当に大丈夫なのか？」といった，"不安"や"不信感"である．例えば，個人情報の漏洩や不正利用が行われないだろうか，クレジット決済をするために送信したクレジット番号が盗まれ悪用されないだろうか，購入を申し込んだ企業が本当に実在し信頼できるのだろうかなど，さまざまな不安がある．ネットワークという，仮想世界であるために，現実世界であれば問題にならないことが大きな問題になる．ネットビジネスを成功させるためには，このような不安感を拭い去り，顧客に安全であることをアピールする必要がある．

プロローグ

> **ネット犯罪の状況**
> ① ネットワーク利用の悪質商法事犯の検挙件数は，下図のとおりである．
>
> | 年別
事件別 | 平成9年
検挙件数 | 平成10年
検挙件数 | 平成11年
検挙件数 |
> |---|---|---|---|
> | 詐欺事件 | 5 | 11 | 23 |
> | 無限連鎖講事件 | — | 1 | 1 |
> | 出資法違反事件 | 1 | — | — |
> | 合計 | 6 | 12 | 24 |
>
> ② 検挙事例には，「インターネットのホームページ上にマニアの間で人気のあるルアー用釣り竿を販売するとの虚偽の広告を掲載し，応募者8名から合計53万円余りをだまし取っていた事件」などがある．
>
> 出所：警察庁資料（http://www.npa.go.jp/kankyo3/aku0022.htm）

　ネットビジネスにおけるセキュリティとは，ネットビジネスを不安のない状態におくこと，またはネットビジネスが不安のない状態であることを意味する．セキュリティ対策は，顧客に安心感を与えるためのものともいえる．

（2）「リスクセンス」の養成

　有効なセキュリティ対策を行うためには，適切なリスク評価が必要である．リスク評価は，ネットビジネスを取り巻くリスクを把握し，それが現実問題として発生した場合の損失の大きさを見積るとともに，その発生確率を評価することである．このリスク評価にもとづいて，リスクを回避・低減するために講じるのが，セキュリティ対策である．したがって，有効かつ効果的なセキュリティ対策を構築するためには，適切なリスク評価が必要になる．

　ネットビジネスのリスクを評価する場合には，目に見えないリスクを把握することが重要である．現実世界のリスクは，目に見えやすいのでその対策も立てやすい．例えば，交通事故の防止のためには，信号機，歩道，ガードレール

を設置し，万引き防止のためには防犯カメラを設置したり，ガードマンを配備したりする．このようにリスクと対策が目に見えることから，セキュリティ対策のねらいや効果がわかりやすい．

しかし，ネット社会では，不正侵入や個人情報の漏洩などが目に見えにくい．したがって，目に見えないリスクに対する感覚（リスクセンス）がないと，セキュリティ対策を見落としてしまう．つまり，ネット社会ではリスクセンスの養成が，セキュリティ対策をより確実なものとし，顧客に安心感を与え，ネットビジネスを成功に導くのである．

（3） セキュリティポリシーの重要性

リスクセンスとともに重要なことは，セキュリティポリシー（セキュリティに対する基本方針とスタンダードで構成される）の作成と，それにもとづくセキュリティ対策の実施である．セキュリティポリシーは，次の4つの理由からネットビジネスに不可欠である．

① セキュリティホールの低減

体系的なセキュリティ対策を構築できるので，セキュリティレベルを均質化することができ，対策の漏れや弱点を少なくできる．つまり，セキュリティホール（セキュリティ上の欠陥）を少なくできる．

② 効率的なセキュリティ対策

セキュリティ対策には投資が必要である．セキュリティポリシーを策定したうえで対策を講じれば，過大な対策を防止することができ，効率的で効果的なセキュリティ対策を講じることができる．

③ セキュリティ対策の有効性向上

ネットビジネスでは，企業の全従業員のセキュリティ意識向上が必要になる．従業員のセキュリティ意識が低ければ，セキュリティ対策の実効性を維持できない．セキュリティポリシーを全従業員に周知・徹底することによって，セキュリティ対策の効果を高めることができる．

④ **顧客イメージの向上**

　ネットを通じて自社のセキュリティポリシーを明確に表明することにより，顧客に安心感を与えることができる．例えば，アマゾン・ドット・コム社のホームページ（http://www.amazon.com）には，プライバシーに関するポリシー（Our Privacy Policy）が表示されているし，日興ビーンズのホームページには，セキュリティに関する説明が表示されている（図2参照）．この他に，セキュリティポリシーでプライバシーマーク（個人情報保護を適切に行っている企業などに付与されるマーク）の取得を方針として定め，このマークをホームページに表示することによって，顧客に企業の個人情報保護に対する姿勢を示すことができる．

　本書では，ネットビジネスにおける"目に見えないリスク"に対して，有効なセキュリティ対策を構築するためのセキュリティポリシーの策定と，それにもとづくセキュリティの実践について解説していくことにする．

図2 ● セキュリティに関する記載（例）

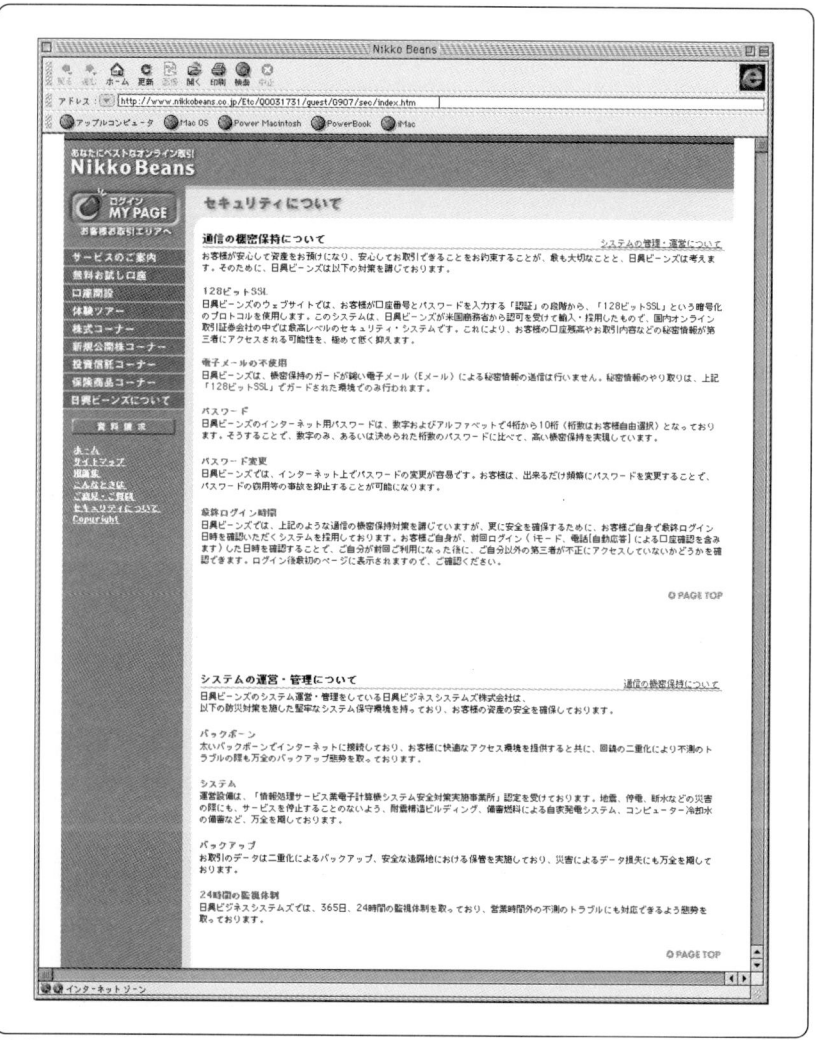

出所：http://www.nikkobeans.co.jp

第 I 部
セキュリティポリシーの意義と策定方法

第1章　ネットビジネスにおけるセキュリティの重要性
第2章　セキュリティポリシーの策定方法
第3章　リスクの評価
第4章　セキュリティポリシーの導入と運用

第1章
ネットビジネスにおけるセキュリティの重要性

1.1 拡大するインターネットとビジネスの変革
1.2 ネットビジネスでのリスク拡大
1.3 ネットビジネスの必須要件としてのセキュリティ
1.4 セキュリティ対策とセキュリティポリシーの関係
1.5 セキュリティ教育の必要性

第1章 ネットビジネスにおけるセキュリティの重要性

　インターネットを利用したビジネスは，電子商取引（Electronic Commerce），eビジネス，eコマースなど，さまざまな言葉で表現される．本書では，インターネットを利用したビジネスという意味で，「ネットビジネス」とよぶことにする．

1.1 拡大するインターネットとビジネスの変革

　インターネットが企業から家庭まで広く普及するのにともなって，インターネットを利用した新しいビジネスが続々と現れている．ネットビジネスには，さまざまな業態があり，業態によってセキュリティ対策も異なる．そこで，まず，ネットビジネスの内容を概観することにする．

(1) 拡大するネットビジネス

　インターネットというプラットフォームを利用し，空間的・時間的制約を受けずにデジタル化された情報を高度に利用することによって，多種多様なビジネスが可能になった．電子商取引化の状況は，表1.1に示すように，PC関連製品，自動車，書籍・CD，金融，不動産について，電子商取引化率が高い．

(2) ビジネスモデルの変化

　インターネットの特徴を利用することによって，ビジネスモデルが大きく変化する．ネットビジネスのモデルは，図1.1に示すように，空間的・時間的制約からの解放というインターネットの特徴を利用したビジネスと，情報価値の創造という特徴を利用したビジネスの2つに分けることができる．

① 空間的・時間的制約からの解放を活かしたネットビジネス

　空間的・時間的な制約がなくなることにより，次の2つの新しいビジネスモ

1.1 拡大するインターネットとビジネスの変革

表1.1 ● 電子商取引化率の高い業種

業　種	1998年		1999年	
	市場規模（億円）	電子商取引化率（%）	市場規模（億円）	電子商取引化率（%）
PC関連製品	250	1.8	510	3.6
書籍・CD	35	0.14	70	0.3
衣類	70	0.04	140	0.09
食料品	40	0.01	170	0.06
旅行	80	0.05	230	0.15
自動車	20	0.02	860	0.9
不動産	—	—	880	0.2
金融	15	0.02	170	0.2

出所：電子商取引実証推進協議会およびアンダーセンコンサルティングの調査，2000年1月（http://www.ecom.or.jp）から抜粋（一部修整）．

図1.1 ● インターネットとビジネスの変化

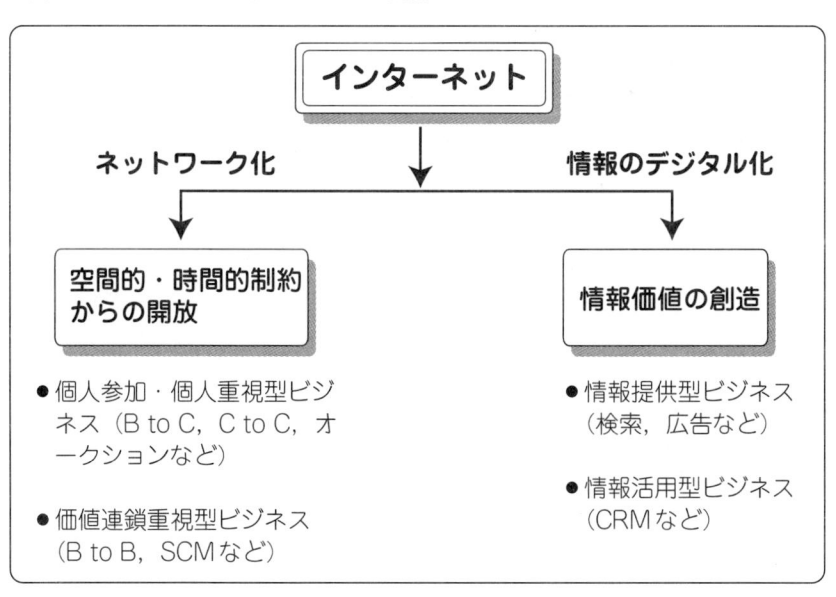

```
                    インターネット
        ┌───────────────┼───────────────┐
   ネットワーク化                    情報のデジタル化
        ↓                              ↓
  ┌──────────┐              ┌──────────┐
  │空間的・時間的制約│              │ 情報価値の創造 │
  │ からの開放    │              │          │
  └──────────┘              └──────────┘
```

- 個人参加・個人重視型ビジネス（B to C，C to C，オークションなど）
- 価値連鎖重視型ビジネス（B to B，SCMなど）

- 情報提供型ビジネス（検索，広告など）
- 情報活用型ビジネス（CRMなど）

デルが出現した.

a） 個人（消費者）の参加または個人を重視したビジネスモデル

インターネットの普及によって，家庭から簡単にネットに参加できるようになった．これによって，消費者がオークションの入札者や出品者として簡単に参加できるようになった．ネット企業では，オークションの主催者としてのビジネスにも乗り出している．また，今までは卸売業者などの中間企業を通して商品を販売していたが，インターネットを利用することによって，直接消費者に対して商品を販売できるようになった．このようなビジネスモデルは，B to C（Business to Consumer：「企業」対「消費者」）といわれる電子商取引である．従来のEDI（Electronic Data Interchange：電子データ交換）による企業間の電子商取引 B to B（Business to Business：企業間取引）とは，大きく異なるビジネスモデルである．

b） 価値連鎖重視型ビジネスモデル

インターネットを利用して海外からの資材調達を促進するなど，従来の取引系列の枠を超えたビジネス活動が実現できる．いわゆる B to B 型の電子商取引を採り入れたビジネスモデルである．従来の EDI 型の B to B と異なり，不特定多数の企業との取引が可能になる．例えば，ゼネラル・モーターズ，フォードモーター，ダイムラークライスラーの米国自動車会社が発表した系列を超えた取引をインターネットで行う「インターネット取引所」は，価値連鎖重視型ビジネスモデルの一形態といえよう．

② 情報価値の創造を活かしたネットビジネス

インターネットにより情報の価値がより一層高まり，情報を高度に利用した次の2つのビジネスモデルが出現した．

a） 情報提供型ビジネスモデル

Yahoo!やGooなどの情報検索ビジネスや，バナー広告をビジネスとするモデルである．このモデルでは，検索にかかわる分類方法，検索の容易さ，広告のノウハウなどが重要である．この他に，音楽，ゲームソフト，書籍などのデジタルデータをインターネットで配信して販売するビジネスモデルも含まれる．

b) 情報活用型ビジネスモデル

インターネット上で収集した顧客情報を活用して電子メールなどで商品情報を顧客に提供したり，顧客情報をデータベース化して業務システムと連携して営業活動に活用するなど，顧客情報の活用を目指したビジネスモデルである．これは，インターネットを利用したCRM（Customer Relationship Management：顧客との関係を維持しながら企業全体の収益を最大にする営業手法）といえる．この他に，ホームページのヒット件数やアンケート調査などの分析結果をマーケティングに活かすビジネスモデルが考えられる．

（3） ネットビジネスのメリット

ネットビジネスには，さまざまなメリットがある．メリットは，経営資源と，ビジネスプロセスの2つの視点から整理できる．経営資源から見たメリットは，人，物，金，情報という4つの経営資源の視点から，表1.2に示すように整理できる．また，ビジネスプロセスからから見たメリットは，スピード，コスト，

表1.2 ● 経営資源から見たメリット

経営資源	メリット
人	ネットビジネスでは，"人"非介在型ビジネス」が拡大する．いわゆる「無店舗販売ビジネス」（サイバー店舗）が主流となる．この結果，人件費の低減や，営業活動の効率化などが期待できる．
物	メーカーへの直接発注により物流の簡素化などが期待できる．また，受注生産により在庫コストの低減，顧客ニーズの的確な反映などのメリットがある．
金	代金決済がネット決済へと変化する．顧客にとっては利便性が向上する．企業にとっては，代金回収が容易になる．一方，顧客情報保護や販売に際しての信用調査の重要性が増す．
情報	ネットビジネスでは，情報自体の価値が高まり，商品やサービスの差別化の手段として利用できる．例えば，インターネットによる株式や投資信託などの情報が例に挙げられる．このようなビジネスモデルでは，競合他社よりも有益な情報を提供できるように情報の正確性および適時性を確保しなければならない．

第1章　ネットビジネスにおけるセキュリティの重要性

表1.3●ビジネスプロセスから見たメリット

ビジネスプロセス	メリット
スピード	インターネットを利用することによって，受発注，決済などのビジネスプロセスのスピードがリアルタイム化される．このような特長を利用したビジネスモデルには，受発注から生産活動まで有機的に連携したSCM（Supply Chain Management）がある．
コスト	インターネットの双方向機能を利用することによって，営業活動の効率化を図れるとともに，ネットを通じて収集した顧客情報を利用して顧客ニーズにあった営業活動を行える．これによって，成約率が高まり営業コストを低減できる．さらに，商品をデジタル化することによって物流コストが低減でき，ネット決済にすることによって債権回収コストの低減が図れる．
品質	ネットビジネス・システムと業務システムのデータの統合によって，受発注情報，顧客情報，会計情報などのデータベースと統合し，生産計画や販売計画に反映したり，マーケティングに活かしたりすることが可能になる．さらに，情報活用の品質が向上するというメリットがある．データの統合によって，1回の入力で多様な情報を簡単に収集し，利用できるようになる．

品質という3つの視点から，表1.3のように整理できる．

1.2 ネットビジネスでのリスク拡大

（1） ネットビジネスの特徴

ネットビジネスでは，インターネットの特徴に関連して，次に挙げる4つの特徴がある．

① **不特定多数の顧客**

平成12年版『通信白書』によれば，世界のインターネット利用者は約2億7,550万人（NUA社の推計，2000年2月現在），わが国のインターネット利用

者は2,706万人（1999年末時点）であり，2005年には7,670万人に達する見通しである（http://www.mpt.go.jp/policyreports/japanese/papers/h12/index.html）．ネットビジネスでは，このように多数の利用者を対象とするので，利用者が不特定多数という特徴がある．

② 匿 名 性

店頭販売や顧客先への営業活動では，お互いに相手の顔を見ながらビジネス活動ができるが，ネットビジネスでは相手の顔を見ることができない．いわゆる匿名性がネットビジネスの特徴である．これは，顧客側から見ても同様である．

③ 24時間・リアルタイムビジネス

インターネットは24時間稼動しており，これを利用することで，従来の営業時間に制約されず24時間ビジネスを行うことができる．また，情報システムという特徴から，リアルタイム処理ができる．

④ デジタルプラットフォームとしての脆弱性

ネットビジネスの基盤であるデジタルプラットフォーム（インターネット）の脆弱性をそのまま引き継がざるを得ないので，脆弱性を低減する対策が必須となる．

(2) ネットビジネスのリスク分類

ネットビジネスのリスクは，以上で述べたネットビジネスの特徴と密接に関連する．ネットビジネスのリスクは，ネット企業側とネット顧客側の2つの側面から整理できる．

① ネット企業側のリスク

ネットビジネスを提供する側のリスクは，図1.2に示すように，集客リスク，信用リスク，取引リスク，情報の信頼性リスク，運営コストのリスクに整理できる．

② ネット顧客側のリスク

消費者にとってもさまざまなネットリスクがある．例えば，通商産業省産業

第1章 ネットビジネスにおけるセキュリティの重要性

図1.2 ● ネット企業のリスク

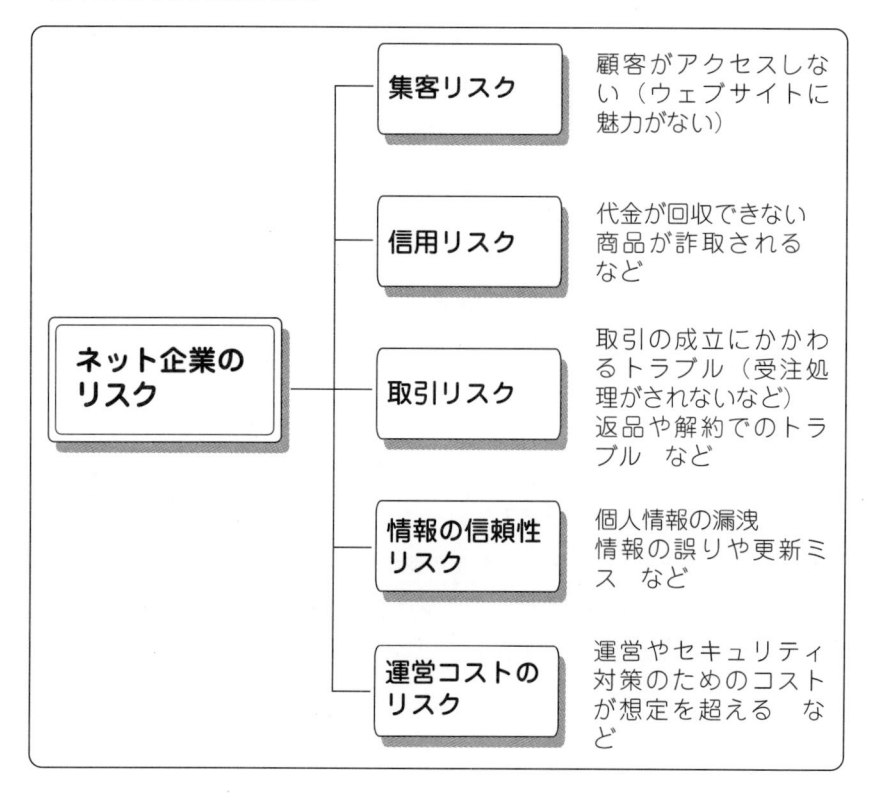

```
ネット企業のリスク
├─ 集客リスク       顧客がアクセスしない（ウェブサイトに魅力がない）
├─ 信用リスク       代金が回収できない 商品が詐取される など
├─ 取引リスク       取引の成立にかかわるトラブル（受注処理がされないなど）返品や解約でのトラブル など
├─ 情報の信頼性リスク  個人情報の漏洩 情報の誤りや更新ミス など
└─ 運営コストのリスク  運営やセキュリティ対策のためのコストが想定を超える など
```

政策局消費経済課が発表した「ネット通販トラブル110番の結果について」（2000年1月21日）によれば，1月11日から14日までの4日間に受け付けた101件のうち，35件が「商品未着」，18件が「身に覚えのない請求」であった．このほかに，粗悪品・違う商品（9件），雲隠れ（8件），返品・解約（8件）などがある（http://www.miti.go.jp/kohosys/press/0000393）．また，インターネットを利用した悪質商法事犯では，詐欺事件が多い．警察庁が発表したネットワーク利用の悪質商法事犯の検挙件数（1999年）24件のうち，詐欺事件が23件を占めている．

このような，ネット顧客から見たリスクは，図1.3に示すように，商品・サ

図1.3 ● ネット顧客から見たリスク

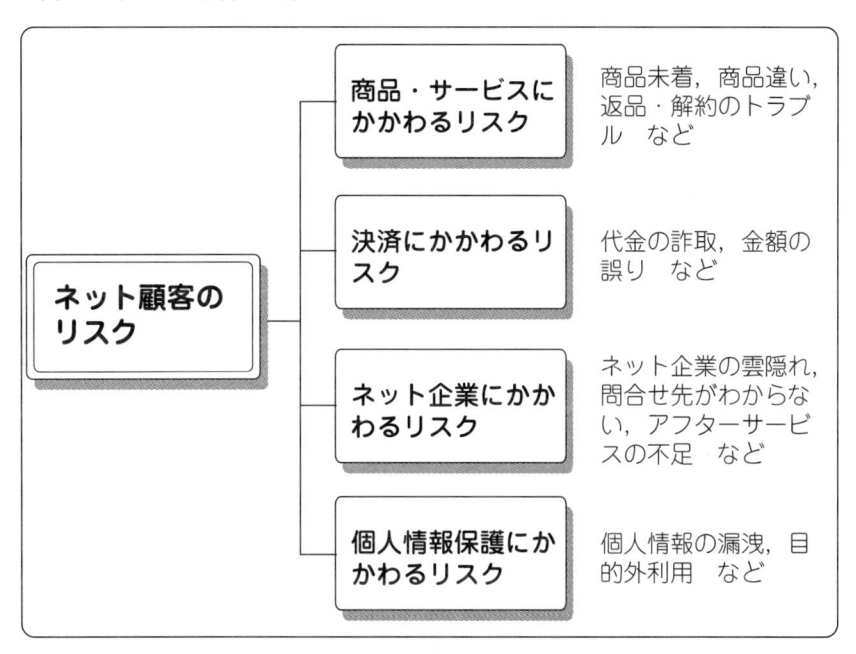

```
                    ┌─────────────────┐
                    │ 商品・サービスに │   商品未着，商品違い，
                    │ かかわるリスク   │   返品・解約のトラブ
                    └─────────────────┘   ル　など

                    ┌─────────────────┐
                    │ 決済にかかわるリ │   代金の詐取，金額の
  ┌──────────┐      │ スク             │   誤り　など
  │ネット顧客の│──┤  └─────────────────┘
  │リスク     │    │
  └──────────┘    │  ┌─────────────────┐
                    │ ネット企業にかか │   ネット企業の雲隠れ，
                    │ わるリスク       │   問合せ先がわからな
                    └─────────────────┘   い，アフターサービ
                                           スの不足　など

                    ┌─────────────────┐
                    │ 個人情報保護にか │   個人情報の漏洩，目
                    │ かわるリスク     │   的外利用　など
                    └─────────────────┘
```

ービスにかかわるリスク，決済にかかわるリスク，ネット企業にかかわるリスク，および個人情報保護にかかわるリスクに整理できる．

1.3　ネットビジネスの必須要件としてのセキュリティ

　ネットビジネスへの参入に際しては，ビジネスの内容だけでなく，前述のリスクを踏まえたセキュリティについても検討しなければならない．ネット企業の経営者は，図1.4に示すようなセキュリティの確保が重要であることを認識して，それに対応したセキュリティ対策を講じる必要がある．まず，セキュリティの意味を検討した後，図1.4を参照しながらセキュリティについて説明す

図1.4 ● ネットビジネスのセキュリティ

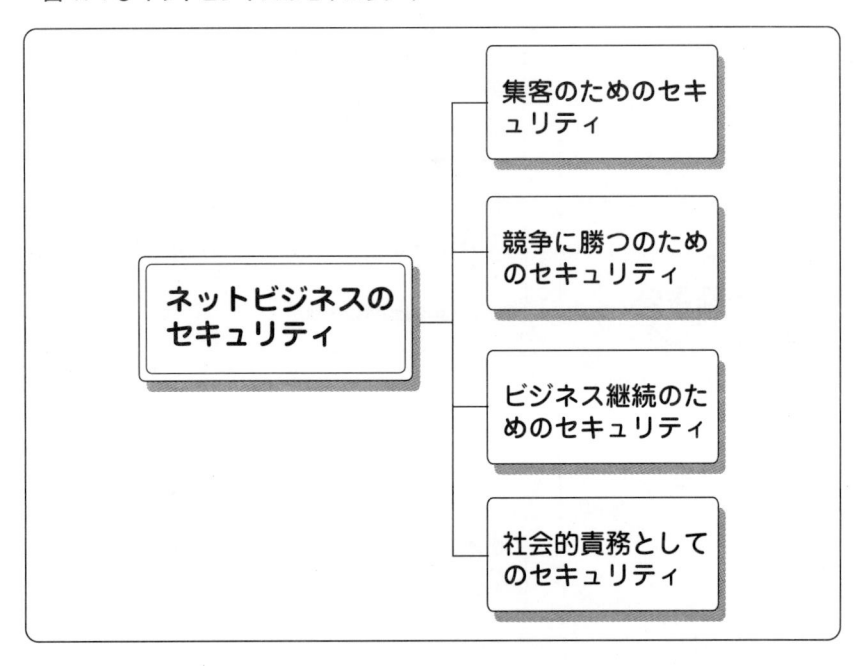

```
                    ┌─ 集客のためのセキュリティ
                    │
                    ├─ 競争に勝つのためのセキュリティ
  ネットビジネスの ──┤
  セキュリティ       ├─ ビジネス継続のためのセキュリティ
                    │
                    └─ 社会的責務としてのセキュリティ
```

る．

（1） セキュリティとは？

　ネットビジネスのセキュリティとは，「ネットビジネスを不安のない状態におくこと」と定義できる．不安のない状態とは，ネット顧客およびネット企業の両者の立場から，それぞれ次のように定義できる．

① **ネット顧客にとってのセキュリティ**

　ネット顧客にとってのセキュリティとは，ネットビジネスを利用して，安心して商品やサービスの購入ができ，顧客情報が保護され，決済が正確に行われることである．また，商品のアフターサービスが適切で，商品の返品や解約も適正に行われることである．

② **ネット企業にとってのセキュリティ**

1.3 ネットビジネスの必須要件としてのセキュリティ

ネット企業にとってのセキュリティとは，ネットビジネス・システムが不正アクセスなどのリスクから保護され，安定して稼動し，顧客情報やその他の機密情報が適切に保護されていることである．さらに，不正な顧客との取引を予防し，貸倒れが発生しないことである．

（2） 集客のためのセキュリティ

ネットビジネスでも，通常のビジネス活動と同様に，顧客が集まらなければビジネスは成立しない．ネットビジネスの場合には，顧客によるウェブサイト（ホームページ）へのアクセス数を高めるとともに，ネットを通じた商品やサービスの購入件数を増やすことが重要である．インターネットでは，顧客がさまざまなホームページを検索し，自分のニーズにあった商品やサービスを選択する．したがって，検索用キーワードの設定方法，他のホームページとのリンクなど，顧客の目にとまり操作しやすいように工夫することは，集客リスクを低減するための対策になる．

ところで，前述のように顧客がネットビジネスを利用しない理由には，インターネットを利用することへの"不安感"が挙げられる．顧客が安心してネットビジネスを利用できるように，例えば，プライバシーマーク（個人情報保護を適切に行っている企業に対して付与されるマーク）の取得や，安全なサイトの認定（米国公認会計士協会（AICIPA, http://www.aicpa.org）のAssurance Servicesや，後述するオンラインマーク制度など）を受けて，顧客に安心感をもたれるようにしなければならない．つまり，顧客にとってのセキュリティを重視し，セキュリティを"集客"のための手段とすることが，ネットビジネスの要件になる．

（3） 競争に勝つためのセキュリティ

セキュリティは，他社のネットビジネスとの競争に勝つための重要な条件である．なぜなら，顧客は，類似の商品やサービスをネットで購入する場合，より安全なウェブサイトを選択するからである．例えば，プライバシーマークを

23

第1章　ネットビジネスにおけるセキュリティの重要性

表示したウェブサイトと，表示していないウェブサイトを比較すれば，プライバシーマークのあるウェブサイトを選択することは明らかである．このような顧客の選択は，顧客のセキュリティに対する関心が高まれば高まるほど顕著になる．㈳日本通信販売協会が実証実験を行っている「オンラインマーク制度」（2000年6月から制度をスタート，詳しくは http://www.jadma.org を参照）は，まさにそれを狙ったものといえる．

さらに，ネット企業の立場から見れば，自社のシステムが競合他社のシステムよりも安定稼動していることは，競争上有利である．例えば，ネット企業のシステムにトラブルが発生すると，顧客が競合他社に取られてしまうおそれがある．ネット顧客が増えれば増えるほど，システムトラブルによるビジネスチャンスの損失リスクが増大する．

（4）　ビジネス継続のためのセキュリティ

ネットビジネスでは，ネットリスクがビジネス活動に直接，即時に大規模な損害を与えるおそれがある．例えば，Yahoo！のように検索・広告サービスを主とするネットビジネスでは，不正アクセスによるシステム停止によって大きな損失を被る．

具体的には，ネットビジネスが顧客へ及ぼす影響や企業活動に占める役割を次のように十分に把握したうえで，ビジネスの継続性を検討する必要がある．

① 情報提供サービス，受注・発注，問合せ，決済など，ネットを通じてどのようなサービスを顧客に提供しているのか．サービス停止によって，顧

ホームページへの妨害事件

インターネットの有名なホームページを狙った攻撃が増加している．ホームページに対して集中的に大量のアクセスを行って，システムを麻痺させる攻撃である．米国のYahoo！，CNN，アマゾン・ドット・コム，ZDネット，eトレードが2000年2月に妨害を受けた．Yahooでは，23時間近くホームページにアクセスできなくなった．

客にどのような障害が生じるか．
② ネット企業は，ネットビジネスによってどのようなメリット（売上，広告宣伝，問合せ対応の効率化など）を享受しているのか．システムダウンによってどのような損害を被るのか．

(5) 社会的責務としてのセキュリティ

ネットビジネスでは，顧客が問合せや注文の際にネットを通じてさまざまな情報をネット企業に提供するので，顧客情報の保護がきわめて重要になる．特に個人顧客の情報については，通商産業省などの個人情報保護ガイドラインの対象となっており，注意が必要である．個人顧客の情報が漏洩すると，プライバシー侵害問題となり，ネット企業の社会的信用を著しく失墜させ，ビジネス活動にも大きな障害が発生するおそれがある．また，ネット企業でシステム障害が発生すると，利用者が多ければ多いほど社会的な影響も大きい．したがって，ネットビジネスのセキュリティ確保は，ネット企業に対する社会的な要請といえる．

1.4 セキュリティ対策とセキュリティポリシーの関係

セキュリティ対策は，セキュリティポリシーと密接に関係する．ここでは，相互の関係について述べる．

(1) セキュリティ対策の前提としてのポリシー

セキュリティポリシーは，図1.5に示すように，セキュリティに対する理念または基本的な考え方である「基本方針（書）」と，それを具体化した「セキュリティスタンダード（基準）」（以下スタンダードという）に分けられる．「基

第1章 ネットビジネスにおけるセキュリティの重要性

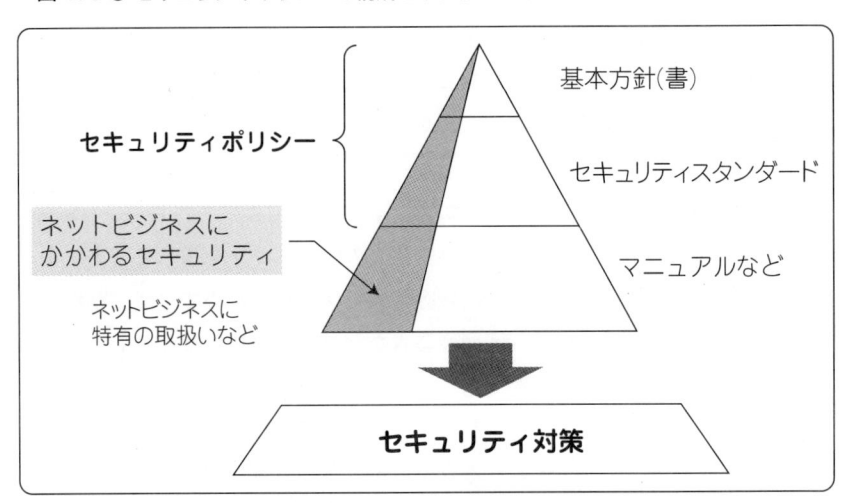

図1.5 ● セキュリティポリシーの構成とネットビジネスのセキュリティ

- 基本方針（書）
- セキュリティスタンダード
- マニュアルなど

セキュリティポリシー

ネットビジネスにかかわるセキュリティ
ネットビジネスに特有の取扱いなど

→ セキュリティ対策

本方針（書）」は，スタンダードの上位概念になる．セキュリティ対策は，基本方針とスタンダードにもとづいて講じられ，技術的な対策だけではなく，管理・運用面での対策も含まれる．

セキュリティポリシーの策定では，リスクを評価して，「何を，何から，どのように守るのか」を明確にする．本書では，情報セキュリティ，特にネットビジネスのセキュリティをテーマとしているので，「情報および情報システム（またはネットビジネス）を」，「どのようなビジネスリスク（ネットリスク）から」，「どのような方法で守るのか」を明確にする．

（2） ネットビジネスのセキュリティとセキュリティポリシーの関係

　ネットビジネスのセキュリティは，企業の情報セキュリティの一部を構成する．したがって，企業のセキュリティの基本方針にもとづいて，ネットビジネスのセキュリティスタンダードを策定し，ネットビジネスにかかわる必要なセキュリティ対策を講じる必要がある（図1.5の網掛け部分）．ネットビジネスのセキュリティと情報セキュリティを別々なものとして捉えてしまうと，セキ

1.4 セキュリティ対策とセキュリティポリシーの関係

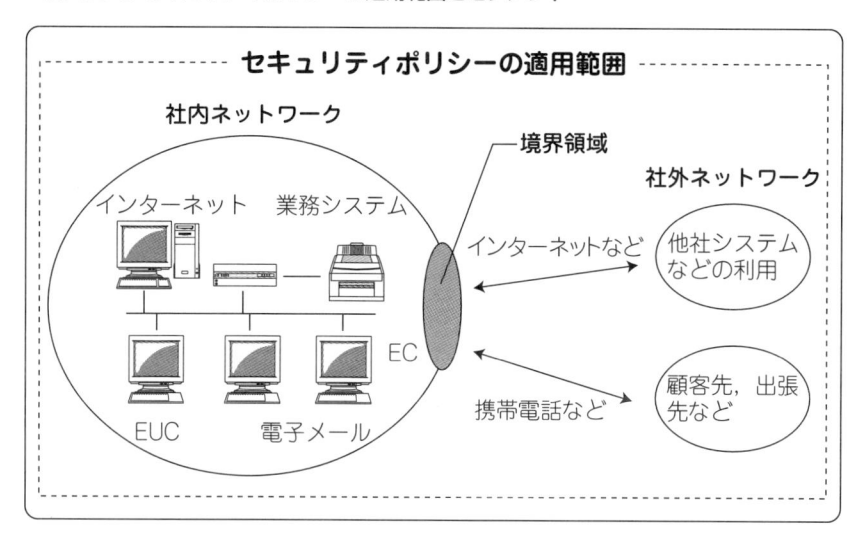

図1.6 ● セキュリティポリシーの適用範囲とセグメント

ュリティホール（セキュリティ上の欠陥）が生じる可能性が高くなる．

（3） バランスのとれたセキュリティポリシーの必要性

　セキュリティポリシーでは，企業の情報システム全体にかかわるセキュリティの方針を定める．セキュリティポリシーの策定段階で生じやすい誤りの1つは，ファイアウォールなどの限定された部分のポリシーだけを策定することである．セキュリティポリシーの策定に際しては，企業の情報ネットワーク全体を捉え，社内ネットワーク，社外ネットワーク，境界領域（社内ネットワークと社外ネットワークの接続部分）の3つのセグメントに整理して，全体の調和がとれた有効かつ効率的なセキュリティを検討すべきである（図1.6参照）．

（4） サイバー空間と現実世界のセキュリティ

　ビジネス活動のすべてがネットワーク化されるわけではない．インターネットというサイバー空間でのセキュリティだけでは，ビジネス活動を安心して行うことはできない．例えば，原材料の調達先の拡大や受発注をインターネット

第1章　ネットビジネスにおけるセキュリティの重要性

で行えるようになっても，原材料や商品自体がデジタル化しない限り，製造や輸送は現実世界で行わなければならない．現実世界の業務を支援するシステムが，販売システム，流通システムや製造システムなどの業務システムである．したがって，現実世界でのセキュリティも不可欠であり，インターネット部分のセキュリティポリシーだけを検討しても，不完全なことは明らかである．

1.5 セキュリティ教育の必要性

　セキュリティを確保するためには，リスクセンスを養成するための教育が不可欠である．ネット社会における「目に見えないリスク」を認識するためには，情報技術に内在する脆弱性を認識するとともに，情報技術と，その利用と相まって新たに生じる脆弱性を理解する必要がある．これは，非常に難しいことである．火災や交通事故などのように，現実世界のリスクは目に見えるので理解しやすい．ところが，不正アクセスや情報漏洩などの目に見えないリスクは，現実の痛みがともないにくいので，その重要性を理解しにくい．したがって，教育によって見えないリスクを認識させるしか方法がないのが現状である．リスクセンスを養成する教育は，セキュリティポリシーを実施・運用するためのセキュリティ教育，情報倫理教育，情報リテラシー教育など，さまざまな機会を利用して行うと有効である．

第2章
セキュリティポリシーの策定方法

2.1 セキュリティポリシーの体系
2.2 セキュリティポリシー導入における経営トップの関与
2.3 セキュリティポリシーの策定手順

第2章　セキュリティポリシーの策定方法

本章では，具体的なセキュリティポリシーの策定方法について説明を行う．なお，策定段階におけるリスク評価作業については，第3章で別途詳細に説明する．

セキュリティポリシーの策定方法を説明するにあたっては，最初に目指すべきセキュリティポリシーがどのようなものであるかを明確にしておく必要がある．なぜなら，セキュリティポリシーは，必ずしも「こうであらねばならない」というものではないからである．

必要とされるセキュリティのレベルは，それぞれの企業における業務の内容や保有する情報資産の特徴により決定される必要があり，また，セキュリティポリシーの導入は，企業および情報システムの環境や企業カルチャーを考慮して行わなければ成功しない．

本章では，標準的なセキュリティポリシーの体系を2.1節で示し，その後セキュリティポリシーを策定するための手順を説明する．場合によっては，ここでのセキュリティポリシーの体系が，読者が導入を想定しているセキュリティポリシーとは異なり，本章の内容のすべてを適用できないかもしれない．しかし，本書で述べる考え方や策定方法は，どのようなセキュリティポリシーの導入においても大いに役立つものと考える．

2.1　セキュリティポリシーの体系

セキュリティポリシーの体系とは，「企業内でのセキュリティポリシーの位置づけ」，「他の規程類との関係」，および「セキュリティポリシーの構成」の3つである．以下，それぞれについて説明する．

2.1 セキュリティポリシーの体系

> **スタンダードとガイドライン**
> 　米国ではセキュリティポリシーの各項目を記述する場合，よく"must"という助動詞が使われる．一方ガイドラインの場合には，"should"という助動詞が使われる場合が多い．日本語に訳すと，「～しなければばらない」と「～すべきである」と大差がないようであるが，英語を学んだことがある人には，その強制力の違いが理解できるだろう．

(1) セキュリティポリシーの位置づけ

　各企業において，セキュリティポリシーを策定する場合にこれを「スタンダード」と位置づけるか，あるいは「ガイドライン」と位置づけるかがその後の導入作業全体に大きく影響する．一般的には，スタンダードは「必ず従うべき基準」という意味であり，会社でいえば「規程」にあたる．ガイドラインは，スタンダードよりもやや緩やかで「行為の指針」ということができる．

　日本においては，そのよび方（セキュリティ規程，セキュリティスタンダード，セキュリティガイドラインなど）はともかく，セキュリティポリシーを「必ず遵守すべき規程」としている場合と「達成すべき目標」としている場合がある．ここでは，セキュリティポリシーをその運用開始時点においては「必ず遵守しなければならない規程」として位置づける．

(2) 他の規程類との関係

　セキュリティポリシーと他の規程および基準などとの関係を図2.1に示す．

　この例では，グローバルな企業や異業種の企業を含むグループ企業におけるセキュリティポリシーを挙げている．このようなグループにおいては，同一のセキュリティポリシーをすべてのグループの企業に適用することは難しい．国や業界特有の規制や慣習にも影響を受けるからである．

　このような企業グループでは，一般的にグループ全体のセキュリティポリシーのガイドラインを策定する．ここでのガイドラインの意味は，グループの各企業が最低限クリアしていなければならないレベルを指している場合と，グル

第2章　セキュリティポリシーの策定方法

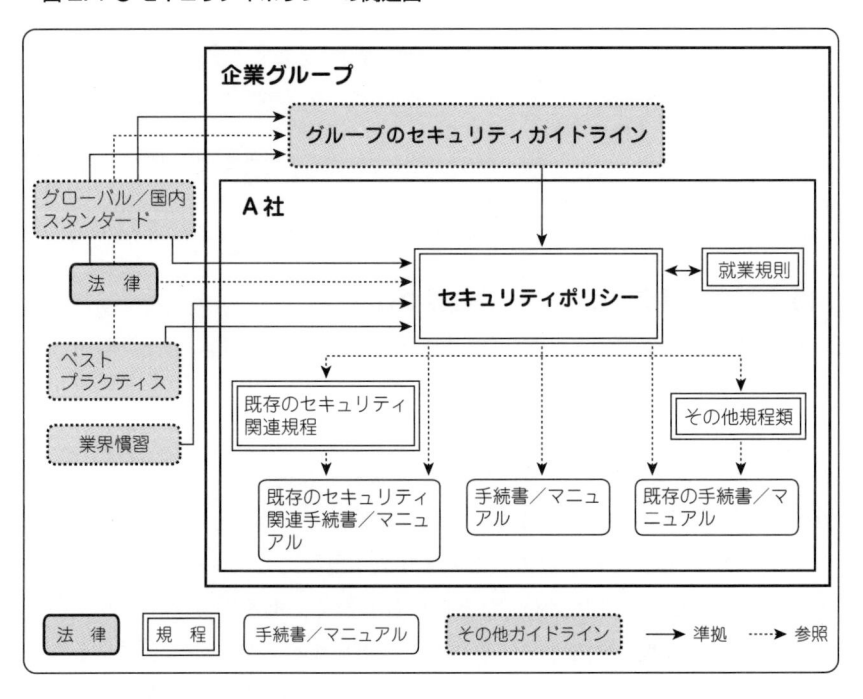

図2.1● セキュリティポリシーの関連図

```
企業グループ
├─ グループのセキュリティガイドライン
│
│  A社
│  ├─ セキュリティポリシー ←→ 就業規則
│  │   ├─ 既存のセキュリティ関連規程
│  │   ├─ 手続書/マニュアル
│  │   ├─ 既存のセキュリティ関連手続書/マニュアル
│  │   ├─ その他規程類
│  │   └─ 既存の手続書/マニュアル

グローバル/国内スタンダード
法律
ベストプラクティス
業界慣習

凡例: 法律／規程／手続書/マニュアル／その他ガイドライン　→準拠　┄┄→参照
```

ープの各企業がセキュリティポリシーを策定する際に「策定の指針」として提供されている場合の2つのケースがある．

例えば，企業グループ全体がネットワークで接続されて，情報の共有度合いが非常に高い場合には，グループ全体で一定以上のセキュリティレベルを確保する必要がある．この場合には，ガイドラインは「最低限クリアしなければならない基準」の意味合いをもつ．ネットワーク全体のセキュリティレベルが，ネットワーク上に存在する最も低いレベルと同じになってしまうからである．

（3）セキュリティポリシーの構成

セキュリティポリシーは一般的に，図2.2のように，その詳細さによりいくつかのレベルに分類される．

2.1 セキュリティポリシーの体系

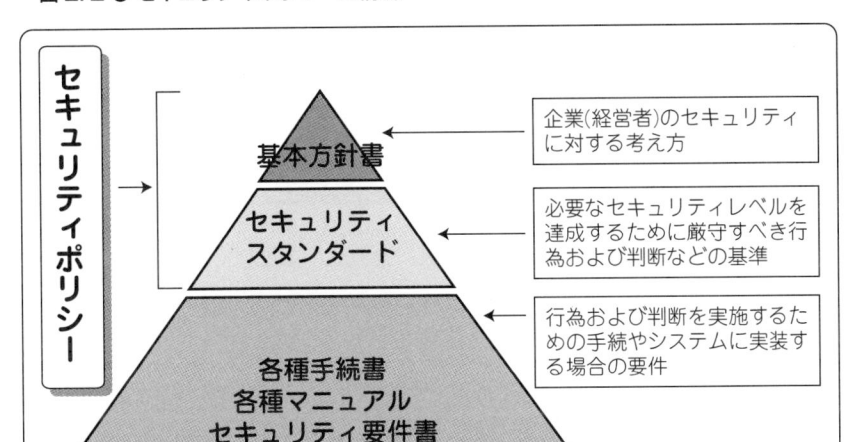

図2.2 ● セキュリティポリシーの構成

```
セキュリティポリシー
  ├─ 基本方針書 ← 企業(経営者)のセキュリティに対する考え方
  ├─ セキュリティスタンダード ← 必要なセキュリティレベルを達成するために厳守すべき行為および判断などの基準
  └─ 各種手続書／各種マニュアル／セキュリティ要件書 ← 行為および判断を実施するための手続やシステムに実装する場合の要件
```

　情報セキュリティ基本方針書は，企業のセキュリティに対する基本的な考え方を示したものである．基本方針書の内容は企業によりさまざまである．基本方針書には，経営者のセキュリティに関する考え方（経営者の声明）だけが記載されているものや，後に述べるセキュリティスタンダードの要約版として十数頁に及ぶものもある．基本方針書については，この後の2.3節の策定手順のなかで詳細に述べる．

　セキュリティスタンダードは，情報の利用者が，セキュリティの基本方針を達成するために遵守（システム上での対応を含む）すべき項目である．基本方針書で述べられたセキュリティ上の目的を達成するために，現在および将来のリスクを考慮したうえで必要と考えられる「行為および判断」の基準である．

　本書では，基本方針書とセキュリティスタンダードの2つを合わせてセキュリティポリシーとよぶが，この考え方は現在一般的な考え方といってよいだろう．ただし，セキュリティスタンダードの内容をどこまで詳細に記述するかという点では，各企業によって異なっているのが現状である．記述内容の詳細さに関しては，後述する手続やマニュアルを含めて，適切なセキュリティポリシ

33

第2章　セキュリティポリシーの策定方法

> **ISO 15408**
> 　正式には，ISO/IEC 15408といい，情報技術を用いた製品やシステムが備えるべきセキュリティ機能に関する機能要件や，設計から製品化に至る過程で，セキュリティ機能が確実に具備されていることの確認を求める保証要件を体系化したものである．なお，ISO 15408は，2000年秋にもJIS化が予定されている．

一の運用が可能であれば，各企業の特徴に合わせて柔軟に考えるべきである．

　セキュリティポリシーを策定し，それを企業のなかで円滑に運用していくためには，各種の手続書やマニュアルが必要になる．例えば，「パスワードの登録要件（文字数や文字種など）や変更期限（60日に一度変更）」を定めたものがセキュリティスタンダードであり，利用者がどのようにパスワードを申請するか（申請書式も含め）や変更期限を過ぎてしまったときにどのような手続を取るのかを記述したものが，手続書やマニュアルにあたる．また，特定の情報システムを開発する場合，情報システムの企画者や開発者は，その情報システム環境や開発する情報システムの特徴を考慮しながら，必要なセキュリティ要件を情報システムに実装していく必要がある．ISO 15408では，このようなセキュリティ要件もセキュリティポリシーとよんでいるが，本書でのセキュリティポリシーの意味合いとは異なる．

　いずれにしても，企業における総合的なセキュリティ対策を実現するためには，セキュリティの基本方針書から各システムのセキュリティ要件に至るまで，その内容が首尾一貫していることが必要である．

2.2　セキュリティポリシー導入における経営トップの関与

　セキュリティポリシーの策定，特に運用を適切に行うためには，当初からの

2.2 セキュリティポリシー導入における経営トップの関与

経営トップの関与が不可欠である．策定のきっかけは，経営トップからの指示，各監督行政からの要請，および情報システム部門などによる自主的な策定などさまざまである．

セキュリティポリシーは，現在および将来におけるセキュリティ上のリスクを軽減するために重要な役割を果たす．しかし，リスクが顕在化していない状態では，そのメリットがなかなか見えづらく，セキュリティポリシーを遵守することによる不便さや，システム対応などに要するコストばかりが目につく．

セキュリティポリシーのような将来のリスクに備えるための投資の決定は，経営的な判断を要する．したがって，企業としてセキュリティポリシーを策定し，それを適切に運用することは，まさに経営者の使命である．

経営者の強いリーダーシップがなければ，セキュリティポリシーの導入は成功しない．しかし，セキュリティポリシーを経営上のリスクマネジメントの一環として考え，積極的に自らその導入を推進しようとする経営トップはまだまだ少ないのが現状である．したがって，情報システム部門やユーザー部門の責任者は，経営トップ（あるいは部門の担当者が部門責任者）に対して，現在および将来のリスクの大きさを明らかにし，セキュリティポリシーの導入に積極的に関与するように説得しなければならない．

では，経営トップを説得し，経営トップ主導のセキュリティポリシーの導入を進めるには，どうすればよいのであろうか．それには，次の点を考慮しながらセキュリティポリシーの策定を進める必要がある．

① リスクを明らかにする

経営上のリスクを認識し，そのリスクをとって（リスク・テイク），適切なリスクコントロールを行いながら事業や投資を進めるのか，あるは事業や投資をやめてリスクを回避するのかを決断するのは，経営トップの責任である．しかし，経営トップがその判断を行えるようにするために，他のマネジメントをはじめとしたスタッフは，企業が抱えるリスクをより具体的に経営トップに示さなければならない．

経営トップに対してリスクを明らかにするためには，いくつかの方法がある．

第2章 セキュリティポリシーの策定方法

1つは，リスク評価技法を使って，定量的あるいは定性的に企業のリスクを数値で示す方法である．リスク評価手法については第3章で説明する．もう1つは，ベンチマーキング手法を使って，同業他社などとリスクやセキュリティ対策のレベルを比較する方法がある．この方法は，経営トップに対してはかなり説得力がある．このような手法を採るのが難しい場合は，自社に関係のありそうなセキュリティ事件や訴訟の例を経営トップに説明することによって，自社においても同様のリスクがあることを認識してもらう，という方法を用いることができる．

② 取引先や株主からの要求に対応する

ネットビジネスにおいては，取引先はグローバルなレベルにまで拡張される．したがって，ビジネスのやり方や企業のあり方そのものにもグローバルな基準が要求されることになる．このような要求に応えることができない企業は，ネットビジネスの世界から排除されることになるだろう．

ネットビジネスでは，意思決定とそれにもとづく行動に今以上のスピードが要求される．このような環境で顔の見えない相手と取引を行っていくことの不安は大きいが，相手からこちらを見たときも同じことがいえる．

今後は，取引に先立ち，取引先からセキュリティポリシーの開示（あるいは第三者による機能していることの証明）を要求されるかもしれない．また，インターネットなどを使って積極的にセキュリティポリシーを開示することによって，取引が拡大することも考えられる．

拡大するネットビジネス市場においては，取引先同士が相手側のセキュリティの状況を互いに毎回確認し合うことは現実的に不可能である．したがって，将来的には，セキュリティマネジメントに関するグローバルな認証制度が必要になるだろう．それに備えて，いち早く認証を取得できるような体制にしておかなければならない．セキュリティポリシーを定着させるには時間がかかるからである．

このような状況について経営トップに認識してもらい，その準備としてのセキュリティポリシーの策定を推進するよう説得する．

2.2 セキュリティポリシー導入における経営トップの関与

③ セキュリティポリシーがITの戦略的活用に不可欠なことを強調する

　経営トップに対して，セキュリティポリシーが今後のITの戦略的活用に欠かせないものであることを認識させ，その導入について理解してもらう．

　例えば，ナレッジマネジメントは，これからの企業経営において最も重要な戦略の1つとして位置づけられているが，もしセキュリティポリシーがなかったり，あるいは適切に運用されていなかったらどうなるであろうか．企業の競争力に関わるような戦略的なナレッジマネジメントにおいては，共有されるべき情報は企業にとって非常に価値の高いナレッジのはずである．これらのナレッジは，イントラネットやグループウェアのサーバー上など，企業のさまざまな場所に点在することになる．そこから利用者がナレッジを引き出すことにより，ネットワークや利用者のパソコン上にもナレッジが点在することになる．紙に印刷されたり，フロッピーディスク上に存在することもある．さらに，たとえ意図的でないにしても，役員や従業員の会話によって外部に漏れることもある．

　もし，本当に企業にとって価値の高い情報をナレッジマネジメントシステムによって共有することができたなら（今現在それを実現できている企業は少ないと思われるが），それは同時に企業の貴重な財産が大きな脅威にさらされることを意味する．そして，さまざまな場所にさまざまな形で存在するナレッジは，個々の技術的対策だけで守ることは不可能である．

　セキュリティポリシーを策定する目的は，企業のセキュリティインフラを確立するだけではなく，情報インフラを確立することにある．このような情報インフラが確立されていないままでの情報の戦略的な活用は，経営にとって諸刃の剣となる．

2.3 セキュリティポリシーの策定手順

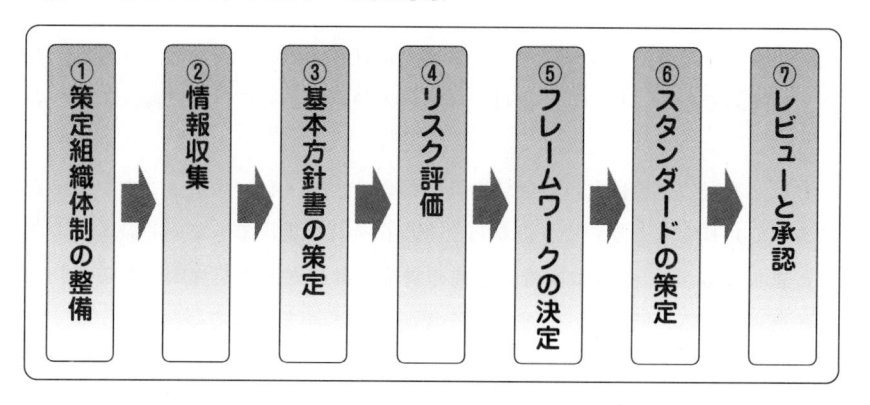

ここでは，2.1節で述べたセキュリティポリシーの体系にもとづいて，セキュリティポリシーを策定する具体的な手順について説明する．セキュリティポリシーの策定から運用に至るまでの導入ステップを図2.3に示す．以下，このステップに従ってセキュリティポリシーの策定方法について述べる．

図2.3 ● セキュリティポリシーの策定手順

① 策定組織体制の整備 → ② 情報収集 → ③ 基本方針書の策定 → ④ リスク評価 → ⑤ フレームワークの決定 → ⑥ スタンダードの策定 → ⑦ レビューと承認

(1) 策定組織体制の整備

図2.4は，セキュリティポリシー策定のための標準的な組織体制である．

セキュリティポリシーをトップダウンで策定する場合と，そうでない場合とでは，策定のための組織体制は大きく異なることがある．しかし，いずれにしてもセキュリティポリシーは全社に影響するものなので，広く各部門から策定メンバーを募る必要がある．また同時に，セキュリティポリシー運用時の体制を十分考慮した組織体制づくりが必要である．

セキュリティポリシーを早期に導入するために，外部のコンサルタントを利

2.3 セキュリティポリシーの策定手順

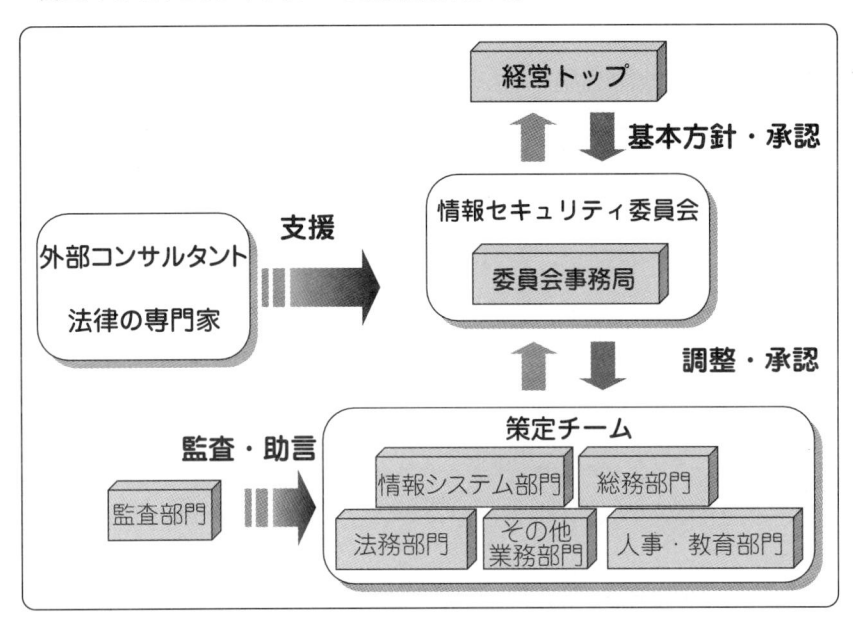

図2.4 ● セキュリティポリシーの策定組織体制の例

用することもある．例えば，後述する外部資料などは，既にコンサルタント側で保有しているであろうし，多くの策定プロジェクトを経験している外部コンサルタントを利用すれば，策定の期間を短縮できる．しかし，外部のコンサルタントに策定作業のほとんどを任せたり，出来合いのセキュリティポリシーを提供してもらうようなことは好ましくない．

自社で策定したセキュリティポリシーと，外部からもってきたセキュリティポリシーにそれほど違いがない場合もある．しかし，その策定においては，セキュリティポリシーそのものの内容もさることながら，その策定プロセスが重要である．策定プロセスにおいて，策定メンバーが議論を闘わせながらつくったセキュリティポリシーと，そうでないものでは，明らかにその後の運用に大きな違いが生じる．セキュリティポリシーを企業に定着させることは，企業のカルチャーを変えることにもなるからである．

第2章　セキュリティポリシーの策定方法

（2） 情 報 収 集

セキュリティポリシー策定の組織体制づくりができた後に最初に行わなければならないことは，情報収集とその分析である．収集すべき情報には，次のようなものがある．なお，情報収集には企業の業務や情報システム環境，あるいは企業の特徴（業界慣習や企業カルチャー）を調査する作業も含まれるが，本書では省略する．

① 経営トップの方針

経営トップのセキュリティに対する方針について調べる．セキュリティポリシーの策定が経営者の要請にもとづくものであれば，経営トップの方針は既に明らかになっているだろう．

ここで調査した内容は，後に基本方針書に，経営者の声明として掲載される．この調査は，コンサルタントが行う場合には，経営トップに対するインタビューを通じて行うが，これは経営トップに対する絶好のセキュリティ教育の場にもなる．

② 関連する規程類や基準などの収集

セキュリティポリシーの策定にあたっては，図2.1で示したように外部および内部の法律や規程などが関係してくる．

グローバルスタンダード時代の今日においては，海外を含めた情報の収集が必要である．セキュリティポリシーは企業の環境やカルチャーに応じて策定されるべきであると述べたが，グローバルなビジネスを展開する企業であれば，グローバルスタンダードで要求されているセキュリティポリシーの要件を最低限満たしておく必要があるだろう．

今までセキュリティポリシーを策定していなかった企業であっても，セキュリティに関係する規程などがまったくないわけではない．個別の業務ごとにセキュリティに関する規程があったり，他の規程の一部として存在していたりする．また，セキュリティポリシーのなかに罰則や人事評価への反映などを盛り込む場合は，関係する法律，就業規則や懲罰規程なども影響するので，それらの資料の収集が必要である．

2.3 セキュリティポリシーの策定手順

> **セキュリティマネジメントのグローバルスタンダード**
> BS 7799 は，英国において 1993 年に「情報セキュリティ管理のための適性慣行規約」としてまとめられたものが，1995 年に英国の標準規格になったものである．この規格は，情報システムが使用される状況において，その必要とされる管理の範囲を明確にしている唯一の基準として，使用されることを目的としている．なお，BS 7799 は 2000 年にも ISO 化が予定されている．

③ 現状のコントロールと問題点の洗出し

文書化されていないコントロールについても調査する必要がある．文書化されていないが，日常の業務運営のなかで行なわれているコントロールがあるからである．こうしたコントロールは，長年の経験のなかで積み重ねられたものであり，これらのコントロールを評価したうえでセキュリティポリシーに組み込むことは，非常に有意義である．

システム監査を実施している企業であれば，情報システムに関してどのようなコントロールが存在するのか，あるいは必要かについての報告が既になされているはずである．したがって，コントロールの調査に既存のシステム監査報告書などを利用できる場合もある．

また，マネジメントや従業員を対象とした情報管理の現状の問題点について調査し，その原因を明らかにする必要がある．日常の情報管理で問題だと思っていること，あるいは現実的な問題として発生したことなどは，セキュリティスタンダードの策定局面で大いに役に立つからである．

（3） 基本方針書の策定

基本方針は，セキュリティスタンダードを策定する際の指針となる．2.1 節で述べたように，基本方針書は企業（経営者）のセキュリティに関する基本的な考え方を定めたものであり，その内容や詳細さは企業によって異なる．ここでは，一般的に基本方針書に盛り込んでおくとよい内容について述べる．

基本方針書には，経営トップのセキュリティに関する基本的な考え方が記載

41

> **文書化されていないコントロール**
>
> 　コントロール（内部統制）とは，業務や情報システムの信頼性，安全性，および効率性などを阻害するリスクの発生を予防，発見，回復（リスクが発生した場合に元の状態に回復させる）するためのコンピューターや業務処理に組み込まれた機能や管理体制などの仕組みをいう．
>
> 　バックアップに関する規程がない企業でも，一般的には，サーバーなどの重要なコンピューターのバックアップは保管している．これらのコントロールは，担当者が前任者から引き継いだり，自身の判断で必要なバックアップの頻度や範囲を決めている．このようなものを文書化されていないコントロールという．

される．「企業にとって重要な情報資産とは何か」，「なぜセキュリティ対策を行わなければならないのか」などである．この表明は，経営トップのセキュリティ対策の積極的な意思を示すためにも，経営トップ自らの言葉で記載されるべきである．

　基本方針書のなかで，セキュリティスタンダードの記述に大きな影響を与える次の2点について明確にしておくとよい．

① **セキュリティポリシーの位置づけ**

　前述のようにセキュリティポリシーを現状において必ず遵守しなければならない規定とするのか，あるいは目指すべき目標とするのかについて，基本方針書のなかで明確にすべきである．

② **罰則の適用や人事評価への反映**

　セキュリティポリシーを遵守させていくことは非常に難しい．違反した場合の罰則の適用や人事評価への反映は，遵守性を確保するための1つの手段である．ここで注意しなければならないのは，わが国の企業においては，セキュリティポリシーの遵守違反について，従来からある懲罰規程などを準用している点である．しかし，セキュリティポリシーに違反しただけで，減棒，停職や解雇といった懲罰規程を適用するのは難しい．一方では，従業員が情報の取扱いに関連して会社に大きな損失を与えた場合には，セキュリティポリシーの有無に関わらず単純に懲罰規程を適用できる．セキュリティポリシーでの懲罰規程

2.3 セキュリティポリシーの策定手順

> **罰則や人事評価への反映の例**
>
> 　罰則や人事評価への反映の例としては，違反の内容や回数によって異なる仕組みを設けている企業がある．例えば，承認されていないソフトウェアをパソコンに導入していたり，アンチウイルスソフトのバージョンアップを怠っていたりした場合には，パソコンやネットワークへのアクセス権限を一定期間取り上げたり，セキュリティポリシー違反を3回犯すと，上司に通告するとともに，人事記録に掲載し，人事評価に反映するなどの例がある．

の準用は，従業員にインパクトを与えるという意味ぐらいしか効果はない．

　セキュリティポリシーは，情報の取扱者がセキュリティスタンダードの各項目の1つひとつを遵守することによって，企業全体のセキュリティレベルを高めることを目的とする．したがって，セキュリティスタンダードの各項目の違反に対して，それに応じた独自の罰則の適用が必要なのである．

　なお，基本方針書には罰則の細かい内容を記載するのではなく，セキュリティポリシー違反に関する罰則適用の考え方を明示するに留めたほうがよい．

③　運用組織体制

　セキュリティポリシーの導入の成否は，運用にかかっている．したがって，基本方針のなかでセキュリティポリシーの運用組織体制が記載され，承認されていることが重要である．運用組織体制に関する詳細は，セキュリティスタンダードのなかでも記載される．その内容については第4章を参照されたい．

④　セキュリティポリシーに対する署名

　欧米においては，セキュリティポリシーを遵守することを従業員が署名して約束する場合がある．署名は，従業員に対してセキュリティポリシーの遵守を意識させるための1つの手段である．

　一方，わが国の場合，入社時に会社の規程類を遵守することを署名するのが一般的なので，セキュリティポリシーだけに署名を行って，他の重要規程には署名を行わないことになるとバランスを欠くことになる．また，セキュリティポリシーを改定する度に全従業員から署名を取り直すなどの手間も問題にな

る．したがって，署名に関しては，セキュリティポリシーの教育実施時に，受講者から署名を取るといった方式を用いる場合が多い．

⑤ 監査およびモニタリング

セキュリティポリシーの適切な運用を確保する手段として，監査やモニタリングは有力な方法の1つである．ただし，電子メールの内容やアクセスしたウェブサイトをチェックするといった監査やモニタリングは，プライバシー問題に発展する場合もある．したがって，企業が従業員に対してどのようなモニタリングをするのか，なぜそれを行わなければならないのかを，基本方針書に明記しておくことが必要である．これによって従業員との間の信頼関係を保てるとともに，記載することによって，業務目的以外の電子メールの利用やウェブサイトへのアクセスに対する抑制効果をもつことができる．

(4) リスク評価（情報資産の洗出しと重要度による階層化）

セキュリティポリシーの基本方針で，保護すべき情報資産とその内容が明らかになったところで，その情報資産に対するリスクを評価するのが次のステップである．リスク評価に関しては第3章で詳細に説明するので，ここではリスク評価作業における情報資産の洗出しと，その重要度による階層化作業のポイントについて説明する．

情報資産には，情報そのものと情報サービス（情報または情報システムを利用して企業の内部や外部に提供するサービス）がある．情報の階層化作業では，情報および情報サービスを機密性，インテグリティ，および可用性ごとにその重要度に応じて3段階から5段階に分類する．表2.1に機密度に関する分類区分の例を示す．

情報資産の洗出しと階層化は，セキュリティポリシー策定の作業のなかでも最も骨の折れる作業である．企業が保有している情報資産の種類は膨大であり，その形態もさまざまである．すべての情報資産を洗い出すには，大きな労力を要するし，そのほとんどが徒労に終わる場合も多い．したがって，情報資産の洗出しと階層化の作業については，図2.5のような簡易的な手法を採るこ

2.3 セキュリティポリシーの策定手順

表2.1 ● 情報の分類区分の例

分類区分	内容
SENSITIVE 重要情報	情報の正確性，完全性を維持するために，不正に改ざんされたり，削除されたりしないように，特別な予防措置を取らなければならない情報．情報の正確性，インテグリティを保持するために通常行われる措置よりも高いレベルの措置を必要とする．例）財務取引情報，規程類
CONFIDENTIAL 機密情報	社内のみでの使用が許可された情報．たいていの機密情報はこれに分類される．このレベルに分類された情報は，法律による情報開示の対象からも外れる．このレベルに分類された情報が漏洩すると，企業自体，その企業の株主，取引先，顧客に深刻な被害を与える．例）ヘルスケア関連情報
PRIVATE 個人情報	社内のみでの使用が許可されたプライベート情報．このレベルに分類された情報が漏洩すると，企業自体，および従業員に深刻な被害を与える．
PUBLIC 公開情報	上記以外の情報．このレベルに分類された情報の不正開示はポリシーに反するが，企業自体，従業員，顧客に深刻な被害を与えるとは考えられない．

出典：NIST（米国商務省標準技術局），*Internet Security Policy : Technical Guide*．

とが有効である．

　「すべての情報資産を洗い出し，重要度による分類項目を決め，分類基準を決めて情報資産を重要度に応じて分類する．そして分類項目ごとの取扱い方法を決定していく」という方法を採る代わりに，「情報収集段階での分析をもとに，あるいは表2.1に挙げたような一般的な分類基準などをもとにして，分類区分，分類基準および取扱い方法を先に決め，既存の主要な情報資産についてのみこの分類区分に当てはめていく．そこで問題が生じた場合に，分類項目や分類基準，および取扱い方法を調整していく」という方法を採る．

　この手順に従って，情報資産を機密度に応じて分類する場合を考えてみる．企業では，一部の情報資産については機密度に応じた情報の分類を既に行っている場合が少なくない．例えば，顧客情報や人事情報を「極秘」，「部外秘」，「社外秘」という具合に分類している．そして，どのような情報を極秘として取り扱うべきかが定まっていることが多い．具体的には，ある情報を電子メー

第2章 セキュリティポリシーの策定方法

図2.5 ● 情報の階層化の方法

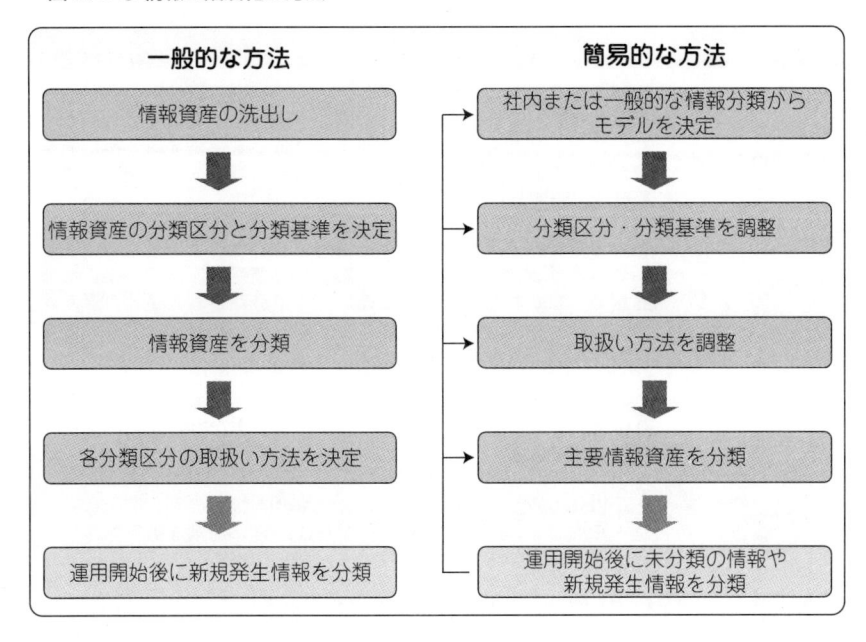

一般的な方法	簡易的な方法
情報資産の洗出し	社内または一般的な情報分類からモデルを決定
↓	↓
情報資産の分類区分と分類基準を決定	分類区分・分類基準を調整
↓	↓
情報資産を分類	取扱い方法を調整
↓	↓
各分類区分の取扱い方法を決定	主要情報資産を分類
↓	↓
運用開始後に新規発生情報を分類	運用開始後に未分類の情報や新規発生情報を分類

ルで送る場合,最も機密度が高い(極秘)情報は電子メールでの送信を禁止したり,その次に機密度が高い(部外秘)情報は暗号化して送らなければならないなどである.

セキュリティポリシーを策定する場合には,分類すべき情報資産の範囲をすべての情報資産に広げる必要がある.顧客情報や人事情報以外の主要な情報について,この分類基準で分類できるか,あるいは分類された分類区分での取り扱い方法が適切かどうかを検証する.

主要な情報資産を今ある分類区分で分けてみると,分類基準が明確でないため分類できない場合や,現在の分類項目では不足している場合がある.また,最上位の分類区分にいったんは分類された情報であっても,取り扱い方法が厳しすぎて業務上での実際の運用が不可能な場合には,1ランク下の分類区分に変更するといった実務的な判断も必要となる.このように取扱い方法を先に決

めておくことによって，この情報をどの分類項目に入れるべきかが明確になる．例えば，電子メールで送ってはいけない情報とはどのような情報なのかを考えればよい．

情報資産をある程度分類していく過程で，分類区分や基準，あるいは取扱い方法の変更が必要なくなってきたら，そこでこの作業を終了する．この方法で情報の階層化を行っても，詳細な方法で行った場合と結果に大きな差は生じないはずである．

(5) セキュリティポリシーのフレームワークの決定

セキュリティポリシーの体系，セキュリティスタンダードに含めるべき項目，セキュリティポリシーの形式を決定する．2.1節のセキュリティポリシーの体系で述べたような点について，導入する企業に合った体系作りやレベル分けを行う．

通常このフェーズでは，情報収集段階や情報の階層化段階で収集された情報やリスク分析をもとに，セキュリティスタンダードの目次と，各目次ごとに必要な項目を検討する．項目の数は非常に多いが，これらの項目は，本書の第5章でも紹介しているので参照されたい．コンサルタントを利用している場合には，セキュリティスタンダードに盛り込むべき項目のデータベースを提供してもらうこともできる．

(6) セキュリティスタンダードの策定

セキュリティポリシーのフレームワークの決定後に必要なセキュリティスタンダードの項目の選定と内容（レベル）を決定する．

例えば，「パスワードの変更を定期的に行なわなければならない」というセキュリティスタンダードを選定した場合に，情報収集および情報資産の洗出し作業の段階で行われた分析にもとづき，「定期的に」の部分を「60日ごとに」とするような内容の決定を行う必要がある．

また，重要度によって同じセキュリティスタンダードの項目であっても内容

第2章　セキュリティポリシーの策定方法

（レベル）が異なる場合がある．例えば，電子メールでの情報の送受信に関して，情報の機密度によってその取扱い（送信不可，暗号化など）が変わってくる．

（7）　セキュリティポリシーのレビューと承認

　セキュリティポリシーのドラフト版が完成した時点で，策定メンバーによる一通りのレビューを行い，その後実際のセキュリティポリシーの利用者などからレビューを受ける必要がある．また，必要に応じて弁護士などの専門家のレビューを受けることも必要である．

　セキュリティポリシーのドラフトは，レビュー，修正，レビューが何回か繰り返され，最終的に正式な会社のセキュリティポリシーとして承認される．

　承認は，企業の規程に則って，企業におけるセキュリティポリシーの位置づけに応じて行われる必要があるが，セキュリティポリシーを規程と考えるなら，通常取締役会などの決議機関による承認が必要である．

　策定されたセキュリティポリシーを企業における「あるべきセキュリティ対策」として，現実の企業の手続やシステム上において，ギャップが生じていることを認識しつつ，施行する場合もある．しかし，最初に述べたように，本書では，セキュリティポリシーは「遵守すべき規程」として考えている．したがって，セキュリティスタンダードについては，本格的な施行を前に，次の章で述べるギャップの分析と解消というプロセスを経た後，承認を受けるべきものと考える．

第3章
リスクの評価

3.1 セキュリティポリシー策定における
    リスク評価の目的
3.2 セキュリティポリシー導入と残余リスク
3.3 リスク評価の手順
3.4 セキュリティポリシー改定時におけるリスク評価
3.5 ネットビジネスにおけるリスクの特徴

第3章 リスクの評価

　第1章では，ネット企業におけるセキュリティ対策の第一歩として，セキュリティポリシー導入の必要性について述べた．また，第2章ではセキュリティポリシーの策定手順についてポイントを解説した．ここでは，セキュリティポリシーを策定するうえで重要なポイントとなるリスク評価について詳しく説明する．具体的には「セキュリティポリシー策定におけるリスク評価の目的」，「セキュリティポリシー導入と残余リスク」，「リスク評価の手順」，「セキュリティポリシー改定時におけるリスク評価」，「ネットビジネスにおけるリスクの特徴」について述べていく．

3.1 セキュリティポリシー策定におけるリスク評価の目的

　セキュリティポリシーを策定するには，次の2つの理由によりリスクの評価が不可欠である．

① 情報資産に対する脅威を認識することにより，セキュリティポリシーの方針の決定とセキュリティスタンダードとして必要な項目を選択するため

　一般の参考文献などに挙げられているセキュリティスタンダードの項目数はきわめて多い．そのなかでそれぞれの企業に合った項目を選択するには，企業の情報資産が直面している，もしくはビジネスを進めていくうえで関係する脅威をコントロールする項目を検討しなければならない．そのためには，情報資産に対する脅威をリスク評価の段階で明確に認識する必要がある．リスク評価の結果，ネット企業のビジネス活動上大きなリスクとなり得る脅威に対しては，十分なセキュリティ対策や管理を行わなければならない．逆に，大きなリスクにはならないと判断できた脅威に対しては，コントロールの優先順位を下げることができる．セキュリティ対策をどこまで行えばよいか判断に困るという声を聞くことがよくある．このような場合，リスク評価つまりセキュリティ対策

を実施する理由（コントロールの必要性）まで立ち返り，企業経営に大きな影響を与えるかどうか判断しなければならない．

② 情報資産の取扱いレベルを統一するため

セキュリティスタンダードで，個々の情報資産の取扱いをすべて規定することは不可能である．しかし，リスク評価にもとづいて重要度に応じた情報資産の取扱いを決定することにより，ネット企業として必要なレベルのセキュリティ対策を実施できる．また，情報資産は，リスクレベルにもとづいて分類され，それぞれのリスクレベルに応じて情報資産を取り扱わなければならない．この情報資産の取扱いの方針は，リスク評価の過程で分析された脅威に対する対策を分析することにより，決定することができる．

3.2 セキュリティポリシー導入と残余リスク

一般的に，セキュリティポリシーを導入することで，すべてのリスクをなくすことができるという誤解がある．他のリスクについても同様のことがいえるが，情報リスクを完全にゼロにすることは不可能である．しかし，セキュリティポリシーを導入し，具体的な情報セキュリティ対策を講じることにより，リスクを軽減することはできる．

リスク評価によって，リスクを企業に影響のあるリスク（固有リスク）とそれ以外のリスクに分類する．固有リスクは，セキュリティポリシーの導入によって，コントロールできるリスクとコントロールできないリスク（残余リスク）に分類される（図3.1参照）．残余リスクは，セキュリティ対策の効果とコストを勘案して経営上受け入れたリスクであり，またセキュリティ対策の不備により生じるリスクである．この残余リスクに対しては，そのリスクをモニタリングし，リスク発生時にすぐに対応できる体制と手順を明確にしておく必要が

第3章 リスクの評価

図3.1 ● セキュリティポリシー導入と残余リスク

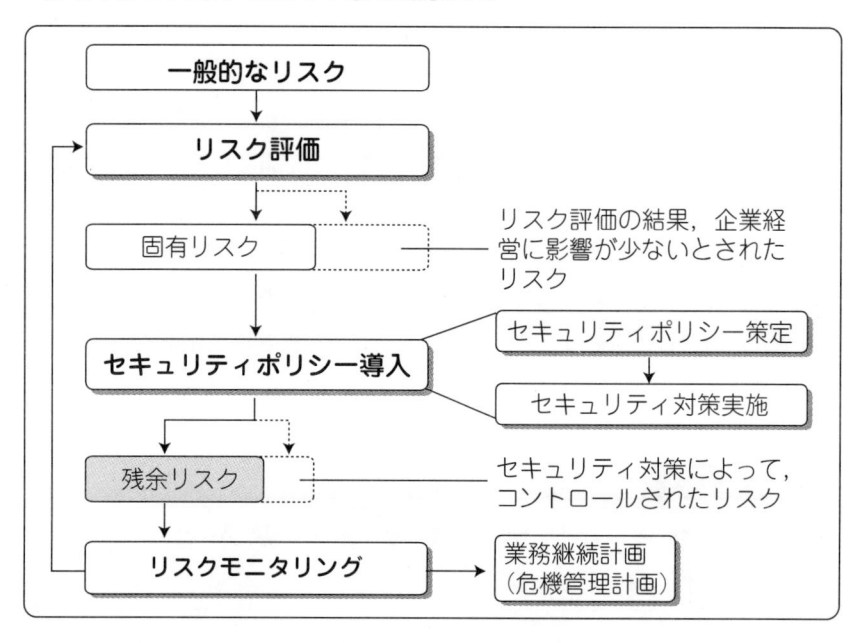

```
一般的なリスク
    ↓
リスク評価 ──→ リスク評価の結果，企業経
    ↓            営に影響が少ないとされた
固有リスク ──    リスク
    ↓
セキュリティポリシー導入 ──→ セキュリティポリシー策定
    ↓                         セキュリティ対策実施
残余リスク ──→ セキュリティ対策によって，
    ↓            コントロールされたリスク
リスクモニタリング ──→ 業務継続計画
                     （危機管理計画）
```

ある．それにより，リスクによる影響を最小限にすることができる．この体制と手順が業務継続計画であり，危機が起こったときの対策が危機管理計画である．

3.3　リスク評価の手順

　リスク評価は，セキュリティポリシーで取り扱う情報資産を洗い出し，企業における情報資産の重要度と脅威に対する脆弱性を分析し，総合的に情報資産に対するリスクを分析することである．このリスク評価の流れをまとめたもの

3.3 リスク評価の手順

図3.2 ● リスク評価の流れ

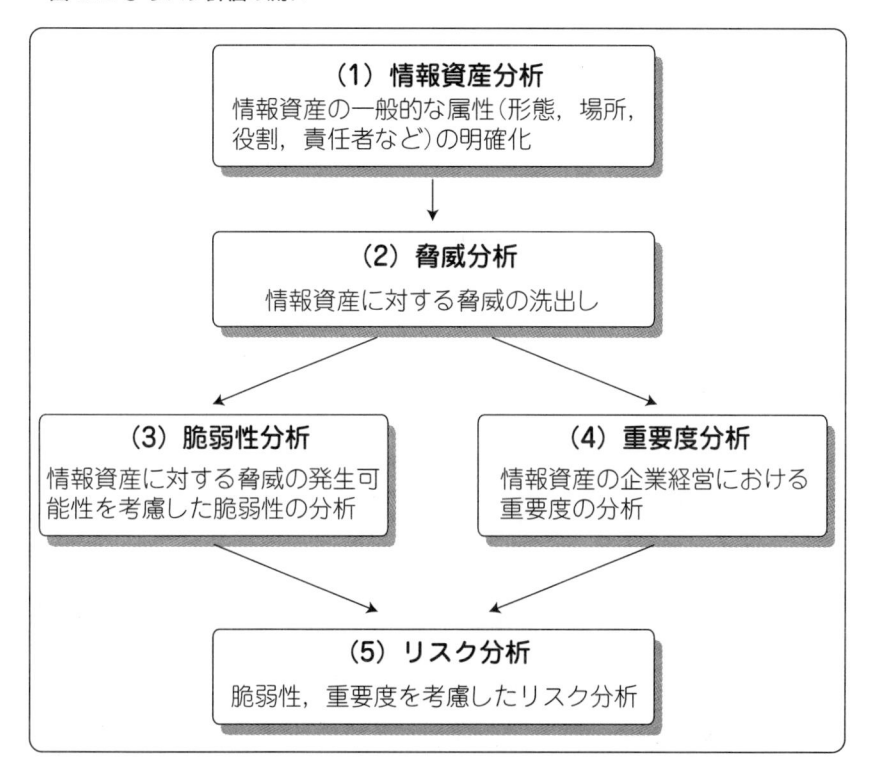

```
(1) 情報資産分析
情報資産の一般的な属性(形態，場所，
役割，責任者など)の明確化
        ↓
(2) 脅威分析
情報資産に対する脅威の洗出し
    ↙        ↘
(3) 脆弱性分析      (4) 重要度分析
情報資産に対する脅威の発生可   情報資産の企業経営における
能性を考慮した脆弱性の分析     重要度の分析
    ↘        ↙
(5) リスク分析
脆弱性，重要度を考慮したリスク分析
```

が図3.2である．

ここではリスク評価の手順として情報資産分析，脅威分析，脆弱性分析，重要度分析，リスク分析の5つの段階に分けて説明する．

（1） 情報資産分析

情報資産分析においては，どこにどのような情報資産（情報および情報システム）があるかを明確にする．また，その情報資産を業務のなかで誰がどのように取り扱っているか，コンピューターシステムの場合，情報がどこに（インターネット，エクストラネット，イントラネットなど）あり，業務上の機能と

第3章　リスクの評価

図3.3 ● 組織ごとの情報資産表の例

情報資産表（人事部）
情報資産表（営業部）
情報資産表（総務部）

情報名	管理責任者（部署）	保管場所	概要
顧客名簿	総務部営業担当	キャビネット（鍵付）	×××
社員名簿	総務部人事担当	イントラネットサーバー	×××
組織図	総務部総務担当	キャビネット（鍵なし）	×××
予算資料	総務部会計担当	イントラネットサーバー	×××

表3.1 ● 情報資産の分類方法の例

分類の視点	具体例
経営組織	営業部，総務部，人事部，情報システム部，企画部，経営事業計画部など
業務	営業業務，会計業務，人事業務など
情報の使用目的	経営上の情報，営業上の情報，社員に関連する情報，取引先に関連する情報，関連会社に関連する情報など
システム	情報共有システム，インターネットシステム，販売支援システム

してどのような役割をもっているかを明確にする必要がある．

　情報資産の分析では，情報の名称，保存形態，保管場所，情報管理者（組織）などを項目として，部門ごとに保有する情報資産について「情報資産表」（図3.3参照）を作成する．調査する項目を作成するためには，企業において個々の情報資産が，どのような場所で，どのような形態で保存または伝達されており，どのように業務上使用されているかを考慮する必要がある．

　情報資産を洗い出す基準は，どのようなレベルのセキュリティポリシー（全社規模，ネットワーク，特定システムなどのセキュリティポリシー）を策定するかによって異なる．例えば，全社規模のセキュリティポリシーを策定するの

3.3 リスク評価の手順

であれば，名簿，リスト，○○一覧，○○報告書，○○規程，○○資料などといったレベルになる．洗い出された情報はいくつかの区分に分けて整理することが重要である．情報資産を分類することにより，情報資産の見落としがなくなっていく．分類方法としては，表3.1に示すような分類例が考えられる．

具体的な分析方法としてはいくつかの方法が考えられるが，統一のフォーマットを用いたアンケート形式による各部門への調査，ならびに各部門を把握している複数の担当者へのインタビューが考えられる．

(2) 脅威分析

脅威分析では，情報資産分析において，企業または業務のなかの情報の役割

図3.4 ● リスク評価とセキュリティポリシー項目の関係

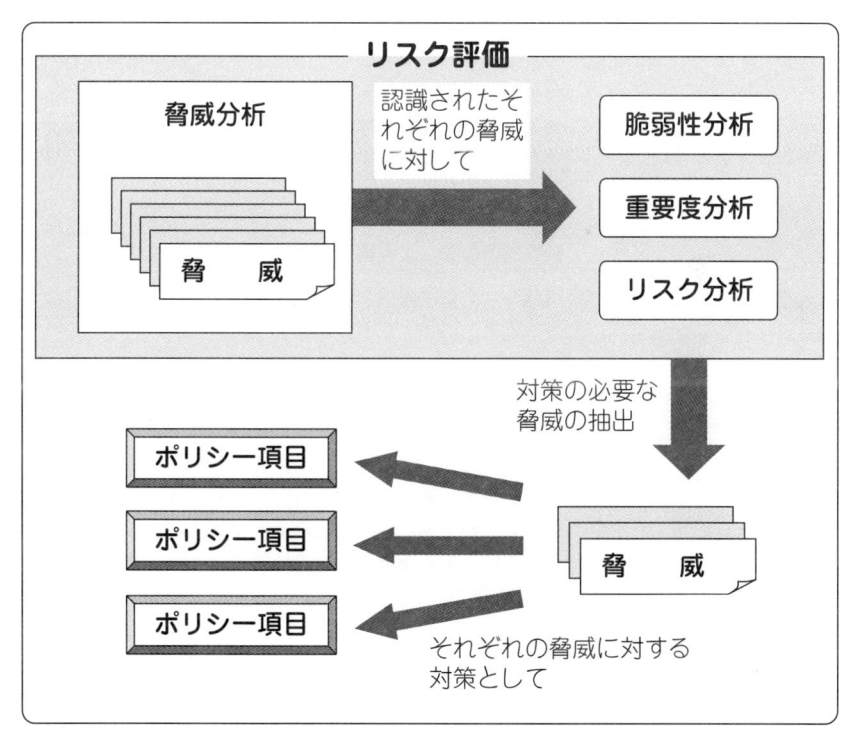

第3章 リスクの評価

表3.2 ● 一般的な脅威の例

脅　威	内　容
災害によるハードウェアの破壊	風水害，火山活動，火事，地震などの災害による情報システムを構成する機器の物理的な破壊
故意によるハードウェアの破壊	システムの利用者，管理者，第三者（ハッカーを含む）による情報システム機器の物理的な破壊
ハードウェアの不正使用	システムの利用者，管理者，第三者（ハッカーを含む）による権限外の情報システムの使用
故意によるソフトウェアの破壊	システムの利用者，管理者，第三者（ハッカーを含む）による情報システムのソフトウェアやデータが故意に削除または変更されることによる破壊
ソフトウェアの改ざん	システムの利用者，管理者，第三者（ハッカーなど）の故意によるシステムの不正利用を目的としたソフトウェアやデータの改ざん
ソフトウェアの不正使用	システムの利用者，管理者，第三者（ハッカーなど）によるネットワークなどからのアクセスによる情報システムソフトウェアの不正使用
施設・設備の破壊	情報システムの不正使用や破壊を目的として，情報システムを保管している建物，部屋，キャビネットなどの施設や設備の破壊
通信回線の故障，切断	情報システム同士や利用者とシステムを接続している通信回線の故障による情報システムの使用不能
電源設備の故障	情報システムや通信システムを稼動させる電源設備の故障による，情報システムの使用不能
システム接続先の故障	システム接続先が故障することにより，自社の情報システムに間違った情報が入力されたり，出力できなくなるといった，システムのすべてまたは一部の使用不能
オペレーションミス	システムの利用者や管理者による操作ミスにより，システムの正常な機能の使用不能
情報漏洩	システム利用者による重要情報のメールによる送信やハッカーによる不正アクセスの結果としての重要な情報の漏洩

(機能)が明確になった情報資産に対し，どのような脅威があるかを分析する．

まず始めに各情報資産に対する脅威を洗い出さなければならない．脅威分析における脅威の洗出しは，洗い出された脅威に対する脆弱性分析，重要度分析，リスク分析を適切に行えるようにするために漏れのないようにしなければならない．セキュリティポリシーは，この脅威分析の段階で洗い出された脅威への対策として決定していくものである．したがって，十分な脅威分析が必要である．これら一連の関係を示したのが，前掲の図3.4である．

なお，一般的な脅威の例を表3.2に示す．これらの脅威の各項目はシステムや各企業の形態，規模，サービス，営業形態などによって大きく異なる．その一例として，ネットビジネスに特有の脅威を表3.3に示す．

脅威分析については，脅威の発生源や種類により脅威を分類することが必要である．具体的には，災害，故障，過失，故意などに分類することが多い．

脅威分析の一般的な方法としては，情報資産分析で洗い出された情報に対する脅威を，その情報資産に関連する人々へのインタビューにより洗い出す方法である．脅威を洗い出す際の手がかりになるものは，対象となる情報の管理責任者の企業内での役割，保管場所，保存形態などである．これらの情報資産表

表3.3 ● ネットビジネスに特有の脅威の例

脅威	内容
ハッカーによる情報改ざん	ホームページの改ざんや重要なデータの改ざんによる企業イメージの低下やシステムの機能停止
ハッカーによる情報漏洩	ハッカーにより盗聴プログラムをしかけられたり，通信経路での盗聴による重要な情報の窃取
通信データの盗聴	物理的な通信回線への盗聴器の設置や盗聴ソフトウェアによる通信データの盗聴
DoS攻撃	大量のデータの送信や要求により情報システムの通信許容量や処理許容量の限界を超えることによる情報システムの使用不可能または破壊
ユーザーによる不正データの入力	ネットビジネスにおいてはユーザーが情報入力を直接行うが，ユーザーの不正データの入力による，システムの本来予想していない動作の発生

第3章　リスクの評価

> **DoS 攻撃とは**
>
> 　外部からホームページやCGIなどへの大量のアクセスを要求することにより，システムに本来期待されている可用性を失わせる攻撃．攻撃の結果，サービスが提供できなくなったり，システム自身がダウンしてしまうことがある．DoS（Denial of Service：サービス運用妨害）攻撃に使われるホームページやCGIなどへのアクセス要求は，大量でなければ，通常のアクセスと区別がつかないという特徴がある．このため，DoS攻撃は通常の使用なのかサイトに対する攻撃なのか判断することが難しい．

図 3.5 ● 脅威とインタビュー対象者

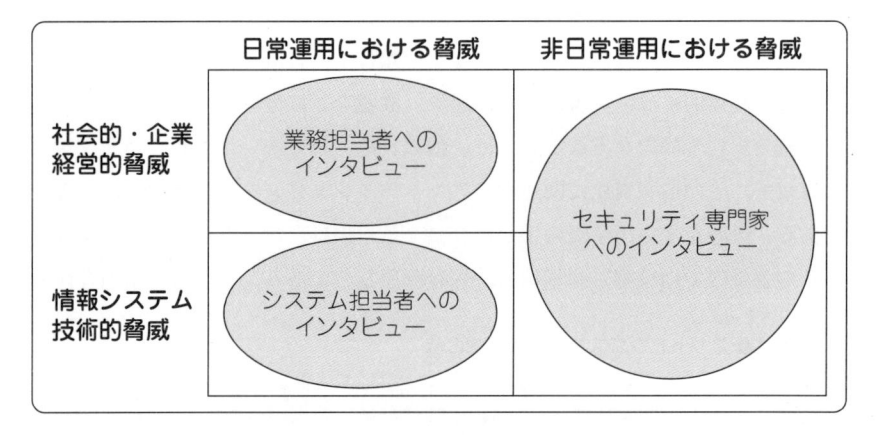

	日常運用における脅威	非日常運用における脅威
社会的・企業経営的脅威	業務担当者へのインタビュー	セキュリティ専門家へのインタビュー
情報システム技術的脅威	システム担当者へのインタビュー	

で明確にされた情報の属性から，脅威を挙げることができる．

　脅威分析は，重要であるが最も難しい作業である．各々の情報についての技術的，社会的，企業経営上の影響を理解していなければ，すべての脅威を洗い出すことは困難である．したがって，社会的，企業経営上の脅威については，情報を作成または取り扱っている情報資産の担当者から，技術的な脅威については総務や情報システム部門の担当者から，情報システムの日常的な使用方法を想定した場合の脅威については情報システム部門の担当者から意見を聴取するとよい．また，情報システムの非日常的使い方による脅威まで考えなければならない．非日常的な取扱いによる脅威に関しては専門的な知識が必要なた

め，専門のセキュリティコンサルタントなどの意見を聞くべきである（図3.5参照）．

（3） 脆弱性分析

　脆弱性分析では，脅威分析により明らかになった情報資産に対する脅威について，どのくらいの脆弱性があるかを分析する．脆弱性とは，情報資産の脅威に対するもろさ，リスクが顕在しやすいかどうかを意味する．脆弱性は，情報資産の形態や情報資産に対する保存形態などの違いによって異なってくる．

　脆弱性の分析においては，情報の重要度（企業にとって情報が重要であるかどうか）による脅威への影響は考慮しない．ところで，ハッカーはどのサイトでも攻撃するわけではない．有名な企業のサイトや，重要な情報をもっていると考えられるサイトを攻撃する．ハッカーにねらわれやすい情報をもっているかどうかは，重要度分析の段階で評価する．脆弱性分析では，脅威分析で洗い出された脅威が現実の問題として，企業に損失を与える確率を考える．この脅威の発生頻度は情報の保存形態，保管場所，伝達経路のコントロール状態によって変わる．ここでは，脆弱性の違いを「保管場所」，「保存形態」，「伝達経路」の違いによって考えてみる．

① 保管場所による脆弱性の違い

　一般的に脅威の発生頻度は，情報資産がネットワーク上にあるときに高くなると考えられる．なぜなら，保管場所が金庫やキャビネットのなかにあれば，情報を盗もうとするハッカーは情報の保管されている場所まで行かなければならないからである．しかし，ネットワーク上に情報がある場合，ネットワークへの接続場所さえあれば，ハッカーはコンピューターに直接触れることなく情報を盗み出せる可能性がある．したがって，ネットワーク上にある情報の脅威の発生頻度は高く見積る必要がある．特に，情報がインターネットに接続しているネットワーク上にある場合には，アクセスできる可能性のある人間は世界中にいるため，脅威の発生頻度は，イントラネットやエクストラネット上に置いてある情報に対する脅威の発生頻度よりも高く見積るべきである．

第3章 リスクの評価

② 保存形態による脆弱性の違い

紙に書かれた情報は，デジタル情報に比較して，改ざんされたことがわかりやすい．一方，適切な対応を行っていないデジタル情報は，改ざんすることが容易であり，かつ改ざんされた事実を検出することが困難である．紙に書かれた情報とデジタル情報を比較した場合，改ざんに関してはデジタル情報のほうが脆弱性が大きい．

③ 伝達経路による脆弱性の違い

通信回線に専用線を使っている場合，物理的にもシステムとしても回線の運用業者により管理されているため，ハッカーなどが不正アクセスを行う可能性は低い．しかし，統合的な管理組織の存在しないインターネットを使っている場合には，脆弱性を大きく見積る必要がある．

表3.4に機密性，インテグリティ，可用性の観点から脅威を分類し，それぞれの情報の保管場所を想定し，脅威に対する脆弱性を相対的な数字で記述した例を示す．ここでは，インターネット上に保管する情報が一番脆弱性が大きいとして「5」を，物理的に金庫の中に保管された情報の脆弱性を小さいとして「1」を見積もっている．このような脆弱性の数値化は，ネット企業のシステム環境や情報の保管形態などにより異なるので，情報システム，ネットワーク，オフィスの構造，備品の種類や整備状況などを考慮して，各企業ごとに決定す

表3.4 ● 情報に対する脅威と脆弱性の例

分 類	脅 威	情報の保管方法・保管場所	脆弱性（注）
機密性	盗 聴	インターネット上	5
	漏 洩	イントラネット上	4
インテグリティ	改ざん	施錠された部屋	2
	改ざん	来客者のいる場所	3
可用性	停 電	無停電電源装置に接続したシステム	1
	改ざん	データバックアップのないシステム	4

（注）脆弱性は，相対的な大きさを示しており，数字が大きいほど脆弱性が大きい．

3.3 リスク評価の手順

る必要がある．

（4） 重要度分析

重要度分析では，情報資産が脅威を受けて保護されなかった場合，企業経営にどの程度の影響を与えるかを分析する．

重要度は，一般的に脅威が顕在化して企業へ損失を与えた場合の損失額により，見積ることができる．また，ハードウェア資産の盗難や生産ライン，業務停止時の営業機会損失などを，具体的な損失額として見積ることも可能である．同様に，情報の漏洩や改ざんが直接的にサービス停止や営業機会損失などに結びついた場合，具体的な損失額を見積ることもできよう．

ところで，情報漏洩や改ざんが起こった場合には，それに付随して間接的な損失が発生することがある．間接的な損失の典型的な例としては，企業イメージの低下，企業信用の失墜，情報資産自体の価値の損失などである．これらの損失は，ネット企業において致命的な損害になるおそれもある．間接的な損失を金額で換算することは困難なので，企業に与える影響の範囲や大きさをもと

図3.6 ● 重要度分析の考え方

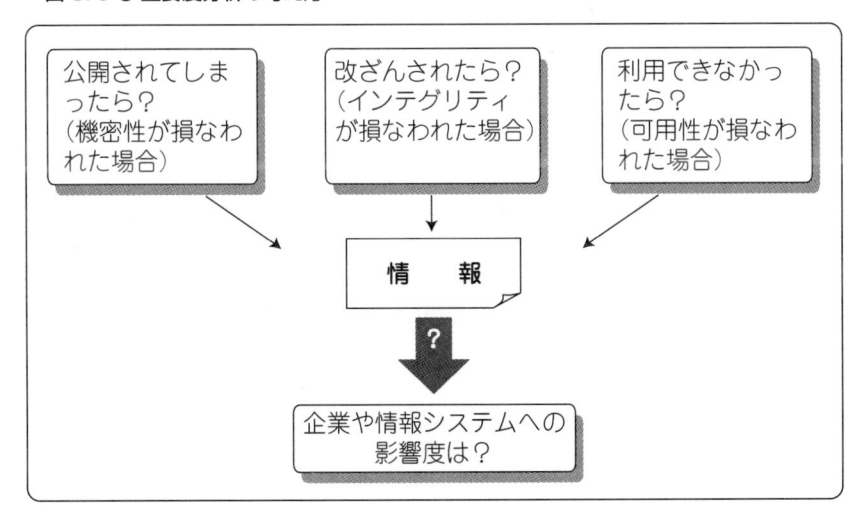

| 公開されてしまったら？
（機密性が損なわれた場合） | 改ざんされたら？
（インテグリティが損なわれた場合） | 利用できなかったら？
（可用性が損なわれた場合） |

↓　　　↓　　　↓

情　報

⬇ ?

企業や情報システムへの影響度は？

表 3.5 ● 機密性の観点から見た情報の重要度分類の例

重要度	説　明	情報の種類
3（高）	企業経営に影響を与える	予算，決算情報 全社組織，人事情報， 取締役会資料　など
2（中）	部門運営に影響を与える	部門予算情報 営業資料情報 プロジェクト企画書　など
1（低）	個人業務に影響を与える	個人のスケジュールなど

に重要度を相対的に分析するとよい（前掲の図3.6参照）．例えば，情報の機密性が失われたときの影響は，企業の各々の従業員だけの業務に影響を与えるものであるのか，それとも事業部の運営に影響を及ぼすのか，企業全体の経営に影響を及ぼすのか，という視点から重要度を分析する方法を採ることができる（表3.5参照）．

　情報の重要度は，情報の機密性が損なわれた場合のほか，情報が改ざんされた場合（インテグリティが損なわれた場合），情報が使用不可になった場合（可用性が損なわれた場合）においてそれぞれが異なってくる．例えば，インターネット上のウェブサーバーで企業が公開している情報の重要度は，機密性の観点から見ると既に公開されている情報であるから当然低い．しかし，公開情報はいつでも利用可能でなければならないため，可用性の観点から見ると重要度は高い．

（5）　リスク分析

　情報資産分析により洗い出された情報に対するリスクは，次の式により算出できる．

　リスク＝情報資産の重要度×情報資産の脆弱性

　リスクは，機密性，インテグリティ，可用性の観点からそれぞれ分析される．

3.3 リスク評価の手順

上記の式について，情報資産の重要度は損失金額によって，情報資産の脆弱性は年間の発生頻度などを用いることによってリスクの大きさを求めることができる．もし，このような方法が採ることができれば，年間の損失金額という明確な数字でリスクを表わすことができる．しかし，現実には絶対的な定量化が困難なため，相対的な定量化をすることになる．表3.6は，顧客情報と財務情報（公開情報など）を例として，機密性，インテグリティ，可用性の3つの観

表3.6 ● リスク分析の例

情報の種類	機密性			インテグリティ			可用性		
	重要度	脆弱性	リスク	重要度	脆弱性	リスク	重要度	脆弱性	リスク
顧客情報	3	1	3	3	1	3	3	2	6
財務情報	1	4	4	3	4	12	2	5	10

表3.6の見方
　顧客情報は，イントラネットサーバーに蓄積され，マーケティング資料として使用されている．また，財務情報は，インターネットサーバー上に保存されており，十分なセキュリティ対策がなされていないケースを想定している．なお，機密性，インテグリティおよび可用性に対して，次の考えにもとづき重要度，脆弱性を設定している．
① 顧客情報
　●顧客情報は，外部に漏洩したり，改ざんされてはいけない．
　●顧客情報は，マーケティング用情報として蓄積している．重要度は機密性，インテグリティ，可用性のすべての面から見て重要である．
　●イントラネットのサーバーは，十分なアクセスコントロールを行っている．
　●イントラネットのサーバーは，社内からのアクセス数が多いため，時々アクセスできないことがある．
② 財務情報
　●財務情報は，公開を目的とした情報なので，機密性を失っても影響はない．
　●財務情報は，改ざんされると投資家への影響がある．
　●財務情報は，他の企業情報サイトでも既に掲載されているため，可用性は十分でなくてもよい．
　●インターネットサーバーは，アクセスコントロールがなされているが十分な対策が施されていない．
　●インターネットサーバーは，DoS攻撃を受けて，サービスが停止する可能性がある．
　以上のことから顧客情報は，機密性，インテグリティ，可用性に大きなリスクの差は見えない．しかし，財務情報は，インテグリティ，可用性について大きなリスクをもっていることがわかる．

点から整理したものである．重要度は，1（低い）～3（高い）で示し（表3.5参照），脆弱性は，1（低い）～5（高い）で示している．リスクは，重要度と脆弱性の積で示している．したがって，リスクとして一番高い場合は15であり，一番リスクの少ないものは1と算出される．

3.4 セキュリティポリシー改定時におけるリスク評価

セキュリティポリシーを改定する場合には，リスク評価も見直しが必要である．セキュリティポリシーは，セキュリティ環境の変化にともなって改定される．具体的には，業務またはシステムの変更にともなう情報資産の重要度・脅威・脆弱性の変化や，ウェブサーバーに対する新しい攻撃方法の出現，新しいセキュリティホールの発見などである．したがって，セキュリティポリシーの改定はリスクの再評価を意味する．

リスクを再評価する際には，前回と同じリスク評価をはじめから行ってもよいが，効率的な方法で行うこともできる．効率的な方法というのは，リスクの差違に注目してリスク評価を行うことである．具体的には前回のリスク評価と比較して，次の2点について考慮する．

① **業務またはシステムの変更点**

業務またはシステムの変更により，情報または情報システムについて，追加あるいは業務での役割の変化がなかったかどうか確かめる．次に，脅威の変化と，それにともなう脆弱性の変化を考える．

② **セキュリティ環境の変化**

新しいセキュリティホールが発生したり，新しいハッキング手法が開発された場合，脆弱性が著しく変化することがある．この脆弱性の変化を十分に考慮してリスクを評価する．

3.5 ネットビジネスにおけるリスクの特徴

　リスク評価の最後に，ネットビジネスにおけるリスクの特徴について考えてみる．特にここではネットビジネスにおけるリスクの特徴を，ネット企業における重要度と脆弱性に整理して考える．

① **ネットビジネス企業における重要度の特徴**

　ネット企業においては，ホームページによる情報発信がビジネスの基本になっている．情報の改ざんは，ネットビジネスの営業を直接防害し，ネットビジネスの根底を揺るがす．

　ネット顧客にとっては，24時間365日利用可能であることが大きな利点である．ネット企業から見るとホームページの可用性が失われることは営業機会の大きな損失となる．例えば，次のようなケースが考えられる．

- ネット証券の株価が改ざんされ，その情報をもとに投資家が株の売買を行い，投資家とトラブルになる．
- ネットオークションやネットでの物品販売値段が書き換えられて，代金決済時に顧客とトラブルになる．
- オンラインによって受発注しているシステムでは，受発注データの改ざんによりオンラインシステムが混乱してしまう．
- ネット上での物品販売システムが夜間の停電によりシステムダウンし，営業機会の多くを失ってしまう．
- インターネットのトラフィックが混み合い，サーバーレスポンスが悪化して取引が成立しない．

② **ネットビジネスにおける脆弱性の特徴**

　ネットビジネスにおけるリスクの大きな問題は，脆弱性が従来の情報システムに比較して大きいということである．脆弱性を大きくする理由には，次のも

第3章 リスクの評価

のが考えられる．

- インターネットには，国境がなくネットワークへの接続料金が安いので個人から法人まで幅広い利用者が存在し，その数が爆発的に増加している．利用者数の爆発的な増加によって，システムへのアクセス数の増加を推測することが難しい．
- 利用者は，個々のローカルなインターネット接続業者と契約を交わしインターネットに接続する．インターネットでは，途中経由する通信業者との契約がないため，通信回線のサービスに関する保証のないまま企業の情報システムに接続することになる．この結果，システムのレスポンスタイムの維持や情報漏洩・喪失の防止が保証されない．
- インターネット上には，ハッキングソフトウェアをフリーで入手できるホームページがあり，特に技術的知識がなくても誰でもホームページを攻撃できる．
- ネットワークプロトコルの設計で十分なセキュリティが考慮されていないため，容易に盗聴できる．
- インターネット上では，ネット企業と類似した名前のホームページを運営できる．類似したホームページの運用者が本来のネット企業のイメージを失墜させるような行為を行うおそれがある．

リスク評価は，セキュリティポリシー策定において欠かせないステップであり，かつ最も困難なステップである．また，企業経営としての判断や情報システムの構成に依存する要因が多い．この章で示した方法は，リスク評価の考え方を示したもので，各企業でリスク評価をする場合には，企業に合った具体的なリスク評価の方法を検討し，その方法にもとづいて評価する必要がある．

第4章
セキュリティポリシーの導入と運用

4.1　導入作業
4.2　セキュリティポリシーの運用
4.3　新しい企業カルチャーの創造

第4章　セキュリティポリシーの導入と運用

　セキュリティポリシーはその策定よりも，策定後にそれを適切に運用するまでのほうが何倍も難しい．セキュリティポリシーの運用とは，策定されたセキュリティポリシーが遵守され，かつ必要に応じて適切に更新されることである．また，セキュリティポリシーの導入とは，策定したセキュリティポリシーが適切に運用されるために必要な諸作業をいう．図4.1にセキュリティポリシーのライフサイクルと導入作業の手順を示す．
　本章では，セキュリティポリシー策定後に，それを実際に企業のなかで運用するまでに必要な導入作業と，その後の適切な運用を行うためのポイントを説明する．

図4.1 ● セキュリティポリシーのライフサイクル

```
┌─────────────────────────────────────────────┐
│   ┌──────────┐                              │
│   │ 策定・改定 │──┐     運用組織体制の整備     │
│   └──────────┘  │           ↓                │
│      (承認)     │         ギャップ分析        │
│        ↓        │           ↓                │
│   ┌──────────┐  │      技術的・物理的な対応   │
│   │  導　入  │──┤           ↓                │
│   └──────────┘  │      手続・マニュアル類    │
│      (施行)     │         の整備             │
│        ↓        │           ↓                │
│   ┌──────────┐  │       啓蒙および教育       │
│   │  運　用  │──┘                           │
│   └──────────┘                              │
└─────────────────────────────────────────────┘
```

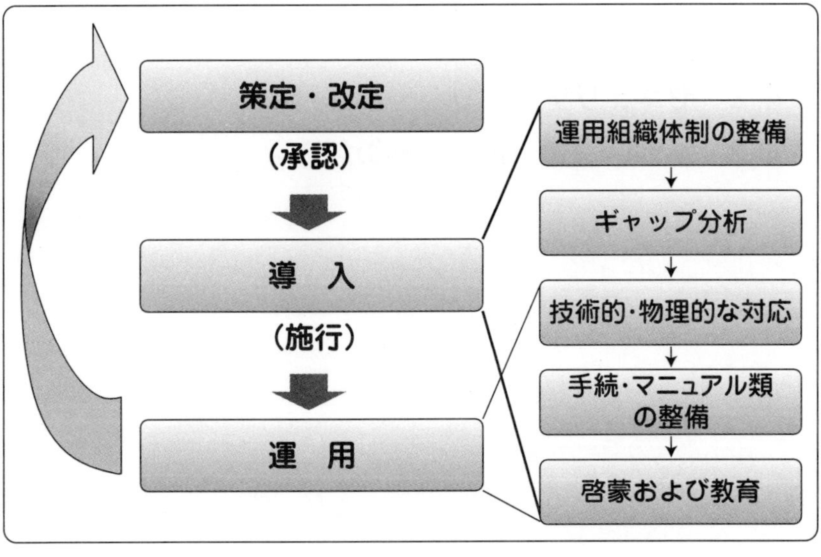

4.1　導 入 作 業

　セキュリティポリシー（基本方針書とセキュリティスタンダード）を策定しただけでは，セキュリティポリシーを適切に運用することは難しい．セキュリティポリシーの運用に先立ち，策定したセキュリティポリシーの内容に従って，次のような導入作業が必要になる．

(1)　運用組織体制の整備

　この段階では，策定時に検討した運用組織体制を正式にスタートさせることになる．図4.2に標準的なセキュリティポリシーの運用組織体制を示すとともに，図に倣ってその役割を説明する．

① **情報セキュリティ統轄役員（CISO：Chief Information Security Officer）**

　企業の情報セキュリティ対策を統轄する役員である．わが国では，独立したCISOを置いている企業はまだ少ない．CISOを置いている場合でも，CISOが情報統轄役員（CIO）を兼務している場合が多いようである．CISOは，場合によってはCIOと利害が相反することもあることから，本来は独立したCISOを設けることが望ましい．

　CISOは，この後述べる情報セキュリティ委員会の委員長として，委員会を指揮するとともに，セキュリティ問題が発生するなどの緊急時においては，自らの判断で，また必要に応じて経営トップと協議し，迅速な対応を行っていく責任と権限を有する．

② **情報セキュリティ委員会**

　情報セキュリティ委員会は，セキュリティポリシーの策定や運用を行っていく場合に，中心的な役割を担う組織である．情報セキュリティ委員会は，各部門からの代表者によって構成される．

第4章 セキュリティポリシーの導入と運用

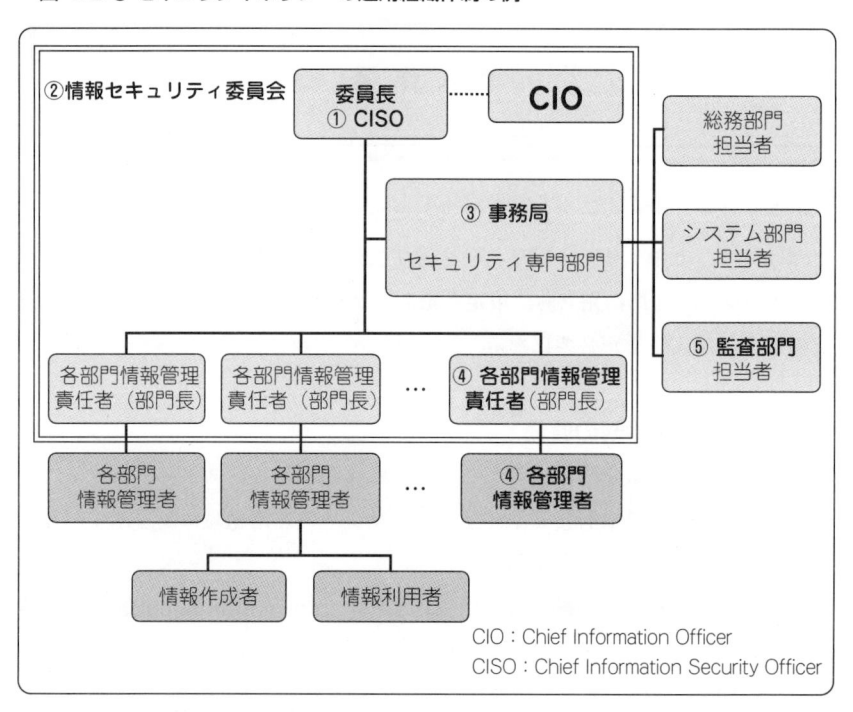

図4.2 ● セキュリティポリシーの運用組織体制の例

情報セキュリティ委員会は，策定時におけるセキュリティポリシーの内容についての実質的な決定機関であるとともに，運用段階においてセキュリティ問題が発生した場合の検討機関であったり，セキュリティポリシーの導入を推進する各種施策やセキュリティポリシーの改定を検討する機関でもある．

③ **情報セキュリティ委員会事務局（セキュリティ専門部門）**

情報セキュリティ委員会における事務局的な役割を果たす組織である．セキュリティポリシーの実質的な策定および運用を行う組織でもある．メンバーは，情報セキュリティに関する専門的な知識と経験を有している必要がある．

セキュリティポリシー策定後は，情報セキュリティの専門部門として，セキュリティポリシーの遵守状況やセキュリティ侵害のモニタリングを行ったり，システム部門やその他の業務部門に対して，情報セキュリティの専門家として

のアドバイスを行う．このようなセキュリティ専門部門は，欧米の金融機関などでは多く設置されており，その要員数も10名を超える場合や，要員の技術的レベルも非常に高い場合が多い．

④ **各部門の情報管理責任者および情報管理者**

セキュリティポリシーの実効性を確保するためには，各部門の情報管理責任者や情報管理者が果たす役割が大きい．通常各部門の責任者が情報管理責任者となる．情報管理者は，セキュリティポリシーがコンピューターシステムだけでなく，すべての情報を対象とする場合には，専任として業務を遂行する必要がある．

部門のなかで新たに作成あるいは，取得された情報が，定められた基準どおりに分類され取り扱われる必要がある．しかし，企業のすべての情報を対象とした場合，これをやり遂げるのは至難の技である．図4.3に，情報の作成・取

図4.3 ● 情報のライフサイクル

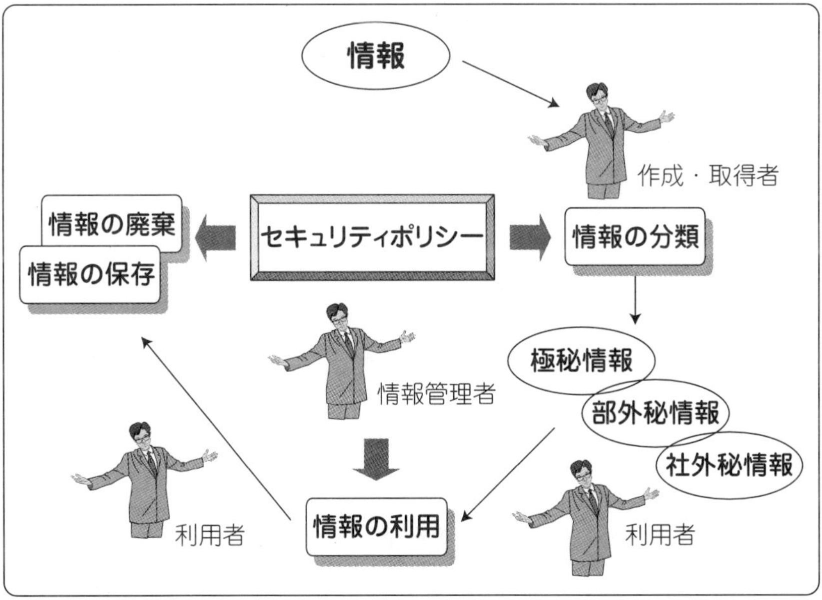

第4章　セキュリティポリシーの導入と運用

得から情報の保存・廃棄までのライフサイクルを示す．情報管理者は，この情報のライフサイクルがセキュリティポリシーに沿って，うまく流れるようにコーディネートする責任がある．

　セキュリティ専門部門や後述する監査部門は，情報セキュリティ対策におけるモニタリング（監視）機能を果たす重要な役割を担う．しかし，これらの部門が限られた要員数で，セキュリティポリシーのすべての対象者がセキュリティポリシーを遵守しているかどうかを，継続的，網羅的にモニタリングするのは不可能である．したがって，各部門の情報管理者が各部門内のセキュリティポリシーの遵守状況についてモニタリングを行い，セキュリティ専門部門や監査部門は，そのモニタリング状況の適切性をチェックするという機能分担が必要になる．

　情報管理者は，企業におけるセキュリティポリシー普及のための啓蒙活動や教育活動についても，セキュリティ専門部門と協力して，これを推進する必要がある．

⑤　**監査部門**

　セキュリティポリシーにおける監査部門の役割は，セキュリティ専門部門や情報管理者が担う役割によって，その内容が異なる．前述のように，モニタリング機能がセキュリティ専門部門や情報管理者によって分担されているのであれば，監査部門の主な役割は，そのモニタリングが適切に行われていることを確認することにある．一方，組織上の問題により専任の情報管理者やセキュリティ専門部門が設置されていない場合には，モニタリング機能における監査部門の担う役割は，かなり拡大する．

　監査部門は，セキュリティポリシーの遵守状況だけを監査するのではなく，セキュリティポリシーの内容の妥当性についても必要に応じて監査を行う必要がある．この点に関しては，次の4.2節で詳しく述べる．

（2）　ギャップ分析とギャップの解消

　セキュリティポリシーは，企業のあるべきセキュリティレベルを確保するた

めに必要な遵守事項を定めたものである．したがって，セキュリティポリシーを策定した時点においては通常，定められた事項と企業の現状との間にはギャップが存在する．そのため，セキュリティポリシーを運用し始める前にこのギャップを解消する作業が必要である．

企業によっては，セキュリティポリシーを当面の目標レベルとして位置づけ，ギャップが存在するままで運用を開始する場合もある．この場合においても運用開始後，できるだけ早くギャップを解消することが必要である．なぜなら，セキュリティポリシーのなかに，当面は遵守できなくても仕方がない項目があると，本来遵守できる項目でさえ，遵守しなくてもよいというような雰囲気が会社のなかに広まってくるからである．

したがって，もしギャップが存在したままセキュリティポリシーの運用を開始する場合においても，このギャップ分析を速やかに行い，いつまでに，またどうやってギャップを解消するのかといったアクションプランを策定しなければならない．

ギャップ分析を行ってギャップが発見された場合には，それを解消するために次の3つの対応方法のいずれかが必要となる．

① 手続やシステムの変更

セキュリティポリシーが，企業のあるべきセキュリティ対策を示しているという意味では，この方法が最も適切である．現状の手続やシステムの仕組みがセキュリティポリシーに準拠していることを確認してから，正式に取締役会などの承認を受け，セキュリティポリシーを企業の規程として施行する．

しかし，企業の手続やシステムを変更する場合，その内容によっては，かなりの期間とコストを要する場合がある．したがって，セキュリティポリシーの導入スケジュールを検討する場合には，この点を十分考慮しておく必要がある．

② 例外事項の設定

ギャップの解消に長い期間や高いコストを要し，今すぐにシステムの対応などが難しい場合には，当面その項目について例外事項を設けるといった対応方法を採ることも可能である．

例えば、「パスワードの構成は、英字、数字および記号のうち2種類以上を組み合わせたものでなければならない」というセキュリティスタンダードがあったとする。このうち、いくつかの既存のシステムではこの機能を満たすことができないとする。この場合、パスワードの類推を防ぐことが、このセキュリティスタンダードの目的であれば、「この要件を満たせない場合には、文字数の長いパスワードを設定しなければならない」という例外事項をセキュリティポリシーに規定する方法もある。そして、次のシステム改変時期などに合わせ、本来のセキュリティポリシーに準拠させるのである。

③ **段階的なセキュリティポリシーの導入**

策定したセキュリティポリシーの内容が、本来その企業に必要なセキュリティポリシーのレベルを表していたとしても、現状との間に明らかに大きなギャップがある状態でセキュリティポリシーの運用を開始すれば、かえってセキュリティポリシーの定着を阻害するといったマイナス面のほうが大きくなる。

そこで、目標とするセキュリティレベルを何段階かに分け、ステップごとに導入を進めていく方法もある。これは、最初からギャップがあることを認め、セキュリティポリシーを施行していく方法と異なり、遵守可能なセキュリティポリシーを導入することにより、対象者にセキュリティポリシーの遵守を徹底させることができるというメリットがある。

(3) 技術的・物理的な対応

セキュリティポリシーを対象者に遵守させる場合には、システム上の仕組みによって強制的にセキュリティポリシーに従わせることが効果的である。対象者がその内容について知らなくても遵守させることができるからである。また、セキュリティポリシーを遵守することよりも日常の業務遂行を優先してしまいがちな対象者を、強制的に従わせることができるからである。

例えば、セキュリティスポリシーでアンチウイルスソフトのパターンファイルを定期的に更新するよう定めている場合に、すべての対象者が漏れなく、これを遵守するのは難しい。しかし、ネットワークへの接続時に強制的にパター

ンファイルを更新するような仕組みがあれば，ほぼ完全にセキュリティポリシーへの準拠性を確保することができる．

また，セキュリティポリシーで重要文書の印刷や保管などの取扱い方法が詳細に決められている場合には，新しいプリンターや鍵付のキャビネットを購入しなければならない場合もある．

このような物理的な措置は，比較的大きな費用と長い時間を要することが多いので，セキュリティポリシーの策定を検討するときに，十分考慮しておく必要がある．

（4） 手続およびマニュアル類の整備

セキュリティポリシーには，何を守らなければならないかは記述されているが，それをどのようにして守るのかといった具体的な手続については記載されていない．

セキュリティポリシーを適切に運用していくためには，運用のための詳細な手続が必要である．特にセキュリティポリシーの遵守を人の判断に依存する場合には，詳細な手続を決め，マニュアルを整備する必要がある．

例えば，パスワードの長さや構成に関する説明はセキュリティポリシーに記載されていても，その発行申請や発行手続の詳細は記述していないのが一般的だからである．また，パスワードの発行申請にあたって必要となる申請書の書式なども準備する必要がある．

（5） セキュリティポリシーの啓蒙と教育

セキュリティポリシーの啓蒙と教育は，セキュリティポリシーを定着させるために必要な手段の1つである．しかし，1回の啓蒙活動や教育活動で対象者を従わせることは難しい．セキュリティポリシーの啓蒙と教育には，地道な努力の積み重ねと工夫が必要である．

セキュリティポリシーを遵守させるためには，まずその遵守の意義を理解させ，積極的に遵守しようとする姿勢を養うことである．そのうえで，モニタリ

第4章　セキュリティポリシーの導入と運用

ング，罰則の適用や人事評価への反映といった仕組みを補完的に活用すれば，その効果が一層高まる．

　なぜセキュリティポリシーが必要なのか，セキュリティポリシーは会社や従業員に対してどのようなメリットをもたらすのか，といった点について従業員に十分理解させる必要がある．

　また，セキュリティポリシーの各項目について，どのようなことを守る必要があるのか，守らない場合には，どのようなリスクがあるのかについて説明する必要がある．もちろん，項目数はかなり多く，そのすべてを説明するのは難しい．したがって，集合教育に加えて，教育用ビデオの配布，各項目についてケーススタディや解説を盛り込んだハンドブックの作成，CD-ROM やイントラネットを使ったテスト形式の教育を上手に組み合わせて行う必要がある．

　各部門の責任者や情報管理者に対する教育も重要である．各部門におけるセキュリティポリシーの遵守状況は，部門の責任者の姿勢によって大きく左右される．部門の責任者に対して，経営トップ自らが遵守の重要性について説明を行う必要がある．また，情報管理者には一般的なセキュリティポリシーの教育に加えて，情報セキュリティの専門知識や実務で対応するためのより実践的な教育が必要になる．

　一度の教育だけでなく，教育は継続的に行う必要がある．また，セキュリティポリシー自体がリスクの変化とともに改定されるため，その都度その改定内容をタイムリーに対象者に通知する仕組みが必要である．

4.2　セキュリティポリシーの運用

　セキュリティポリシーが策定され，前述した導入作業が終了した後に，いよいよその運用が始まる．セキュリティポリシーの目的はそれを策定することで

4.2 セキュリティポリシーの運用

はなく，それが適切に運用され，企業のセキュリティリスクを軽減することにある．したがって，どんなによいセキュリティポリシーを策定しても適切に運用されないのであれば，まったく意味がないことになる．

（1） モニタリングの必要性

セキュリティポリシーを適切に運用するための唯一確実な方法はない．しかし，モニタリングはセキュリティポリシーの実効性を確保するうえにおいて，重要な機能として位置づけられる．モニタリングが必要な理由として，次の2つが挙げられる．

① 対象者はセキュリティポリシーのすべてを知らない

セキュリティポリシーの項目は，多い場合には数百項目にものぼる．たとえ，対象者にセキュリティポリシーを配布し，教育を実施したとしても，対象者がその全部を覚えているはずがない．

② 対象者は，楽なほうを選択してしまう

人間の癖としてどうしても楽なほうを選択してしまう．セキュリティポリシーを遵守して仕事に支障をきたした場合に上司から叱責されるかもしれないし，セキュリティポリシーに違反しても仕事を早く済ませれば上司から誉められるかもしれない．

（2） モニタリングの種類

モニタリングには，各部門におけるセルフ・モニタリング，セキュリティ専門部門によって行われるモニタリング，そして監査部門によって行われるシステム監査などがある．

① 各部門におけるセルフモニタリング

各部門内で，セキュリティポリシーが遵守されているかどうかをチェックすることである．各対象者が自己チェックを行い，情報管理者がそのチェック状況を確認したり，必要に応じて情報管理者自らが直接チェックを行う．

前述のようなアンチウイルスソフトのパターンファイルの更新やハードディ

スク上のウイルスのスキャンがシステムによって強制的に行われないような場合においては，各対象者から，パターンファイルのバージョンや最新のスキャンの結果を報告させることが必要になる．

また，部門内の情報が分類基準に従って適切に分類され，取り扱われているかを日常的にチェックするような仕組みは，対象者数や情報量を考えた場合，セキュリティ専門部門や監査部門ではなく，各部門のなかで実施するのが合理的である．

② **セキュリティ専門部門によるモニタリング**

セキュリティ専門部門によって行われるモニタリングは，非常に高度なモニタリングである．例えば，外部からのネットワークへの不正な侵入の形跡がないかどうかをチェックし，その形跡があった場合には，その原因を追求し，必要な措置を講じるとともに，各部門に対して被害の実態について調査を依頼する．

欧米の金融機関では，セキュリティ専門部門がペネトレーションテストを実施し，セキュリティ対策の不備について検証することも行われている．

③ **監査部門によるモニタリング**

前述のように，監査部門によるモニタリングは，一義的には各部門やセキュリティ専門部門のモニタリングが適切に行われていることを確認することである．そのためには，各部門やセキュリティ専門部門のモニタリング体制が内部牽制を含めて適切か，またモニタリングの方法が適切かどうかについて監査を実施する必要がある．必要に応じて，各部門やセキュリティ専門部門で行ったモニタリングについてサンプリング調査を行うことも必要である．

ペネトレーションテスト

不正侵入テストともいわれる．侵入対象の企業の了承を得て，市販されているハッキング用のツールなどを使って，インターネットやリモートアクセスポイントから侵入を試み，ネットワークやサーバーのセキュリティホール（セキュリティ上の欠陥）を発見するテストである．

4.2 セキュリティポリシーの運用

　監査部門によるモニタリングは，セキュリティポリシーを遵守していないことを発見するだけが目的ではない．遵守されていない状況に対して，なぜ遵守できないのかという理由を探るのが大きな目的である．場合によっては，セキュリティポリシーそのものに問題があるかもしれない．また，手続やシステムの対応に不備があるかもしれない．

　対象者が適切にセキュリティポリシーを遵守しているにもかかわらず，実質的なセキュリティ問題が発生していることもある．例えば，サーバーへの外部からのセキュリティ侵害が発見されたり，パソコンにウイルスが感染しているなどのケースである．この場合には，①セキュリティポリシーが遵守されていない，②セキュリティポリシーに不備がある，③セキュリティポリシーの内容（少なくとも費用対効果の面では）も運用も適切であるにもかかわらず問題が発生している，という3つのケースが考えられる．

　セキュリティ対策には，100％完全というものはない．したがって，実際にセキュリティ問題が発生したからといって，必ずしもセキュリティポリシーの内容や運用に問題があるとは限らない．重要なことは，発生した問題の内容や頻度が企業として許容範囲であるかどうかということである．費用対効果を考えて，企業はある程度のリスクを受け入れざるを得ないからである．このような経営的な判断を要するモニタリングは，システム監査によって実施されるのが好ましい．

(3)　モニタリングを実施するうえでの注意点

　従業員の電子メールの内容や外部のウェブサイトへのアクセスに関して，モニタリングを実施している企業がある．この場合，網羅的に検証したり，サンプリングによる検証を行ったり，あるいはシステム的に関連する単語を含むメールなどを抽出して，内容をチェックする．

　ここで気をつけなければならない点は，対象者に対して会社が何をモニタリングしているかを通知しておくことである．

　一般的に会社の資産であるコンピューターやネットワークを使って生成され

第4章　セキュリティポリシーの導入と運用

たり送受信される電子メールなどのデータについて，会社がその内容をチェックすることがある．しかし，そのチェック方法によっては，プライバシーなどの問題が生じるおそれがある．また，企業と従業員などの間に軋轢を残すことにもなる．

　チェック内容を公開することによって，チェックをかいくぐられるおそれがあるという意見もある．しかし，サンプリング手法を用いたチェックや複数のチェック方法を組み合わせれば，そのチェックをかいくぐることを防ぐことができる．また，何をモニタリングしているのかを明らかにすることによって，セキュリティポリシーの違反に対して大きな抑止機能にもなる．

(4) 例外事項の発生

　セキュリティポリシーを運用している段階であっても，例外事項が発生する．この例外事項の取扱いいかんによっては，対象者のセキュリティポリシーの遵守に対するモチベーションを低下させることになる．

　例えば，ある業務ソフトウェアパッケージを購入しなければならないときに，機能および価格ともに最も優れているソフトウェアが，セキュリティポリシーの1つを満たしていなかった場合には，どうすればよいだろうか．事業戦略上，そのリスクを受け入れざるを得ない場合もある．このような場合，これを例外事項として受け入れ，補完的なリスクコントロールの手段を検討するとともに，セキュリティポリシー全体の実効性を低下させないような措置を講じる必要がある．

　例外事項については前述のとおり，あらかじめセキュリティポリシーに例外事項発生時の対応を盛り込んでおくか，情報セキュリティ委員会でその例外事項を受け入れるべきか，あるいは補完的な対応策が十分かどうかを検討しなければならない．例外事項に対する対応があまければ，セキュリティポリシーの実効性を低下させる要因の1つになる．

(5) セキュリティポリシーの改定

時間の経過とともに社会環境および企業の業務環境や情報システム環境が変化すると，情報資産に対するリスクも当然変化してくる．また，モニタリングの結果，セキュリティポリシー自体の問題が判明することもある．このような状況に応じて改定が必要になってくる．

セキュリティポリシーの改定をタイムリーに行うためには，セキュリティ専門部門や監査部門の行うセキュリティ侵害のモニタリングや遵守状況に加えて，リスクの変化についてもモニタリングを行う必要がある．それによって，現状のセキュリティポリシーの内容ではリスクの変化に対応できないと判断した場合には，情報セキュリティ委員会でセキュリティポリシー改定の検討を行うように提案しなければならない．

4.3 新しい企業カルチャーの創造

役員や従業員がセキュリティポリシーを遵守することを当たり前と考え，かつ時間の経過による脅威の変化に対してセキュリティポリシーがタイムリーに対応できるようになるには長い年月がかかるかもしれない．なぜなら，それは企業のカルチャーをつくりあげるのと同様だからである．

セキュリティに熱心な経営トップがいる間は，積極的なセキュリティ対策を行っていたが，経営トップが交代すると急速にセキュリティへの意識が薄れるケースが見受けられる．しかし，セキュリティポリシーがカルチャーとして既に定着している企業においては，経営トップが交代しても，新しい経営トップ自身が高いセキュリティの意識をもたざるを得なくなるのである．

情報資産は，企業の競争力の獲得と維持において非常に重要であり，それを保護するためには，セキュリティポリシーが不可欠であることを企業内に浸透

第4章 セキュリティポリシーの導入と運用

させる必要がある．セキュリティポリシーを遵守することは，ナレッジマネジメントにおいて自分のナレッジを提供することと相通じるものがある．いずれにしても従業員が，企業および従業員の利益につながることを認識するカルチャーをつくりあげなければ成功しない．企業が，このような従業員の姿勢（ナレッジマネジメントにおいては"Knowledge Attitude"というが，セキュリティポリシーの場合"Security Attitude"とでもよぶべきだろうか）を評価し，それを採用や人事評価に反映させることがカルチャーをつくりあげる近道といえるだろう．

　さらに，このようなカルチャーをつくるときに大事なことは，経営トップの姿勢であったり，管理者の姿勢である．自分を評価する経営者や管理者がセキュリティを軽んじるような発言や姿勢をとった場合には，従業員にセキュリティポリシーを遵守することを求めるのは難しい．経営トップや管理者が率先してセキュリティポリシーを遵守する姿勢，あるいは遵守している従業員を評価する姿勢を示すことが，セキュリティポリシーをカルチャーとして定着させるための最も早い実現手段である．

第Ⅱ部
実務に使える
セキュリティポリシー

第5章 セキュリティポリシーのモデル

第5章 セキュリティポリシーのモデル

5.1 セキュリティポリシーの体系
5.2 情報セキュリティ基本方針書
5.3 セキュリティスタンダード

第5章 セキュリティポリシーのモデル

　セキュリティポリシーの策定は，策定の手本（モデル）となる規程がないと手間と時間がかかる．この章では，策定にあたって参考にするための，セキュリティポリシーのモデルを提案する．セキュリティポリシーの体系を説明した後に，具体的なモデルを提案し，その内容と運用上のポイントを解説する．

5.1 セキュリティポリシーの体系

　本書ではセキュリティポリシーを，情報セキュリティ基本方針書（以下，基本方針書という）とスタンダードに分けて策定している．もちろん，基本方針書とスタンダードに分けずに，1つのポリシーとしてまとめることもできる．企業のシステム環境や方針などに応じて，編集・加筆・修正して利用していただきたい．

(1) 基本方針書とスタンダード

　基本方針書とは，企業のセキュリティに対する基本的な考え方や理念をまとめたものである．また，スタンダードとは，セキュリティに関する具体的な遵守項目を定めたものである．したがって，一般的には，1つの基本方針書を基礎として，情報の取扱い，機器の取扱い，ネットワーク接続の取扱いなどの具体的な基準であるスタンダードが複数策定されることになる（図5.1参照）．基本方針書が適切でなければ，スタンダードも不適切なものになってしまう．

　なお，本書では，ネットビジネス管理規程を，ネットビジネスに適用されるものとして独立させている．ネットビジネスに特化したビジネスモデルを採用している企業では，基本方針書とネットビジネス管理規程だけを策定してもよい．

5.1 セキュリティポリシーの体系

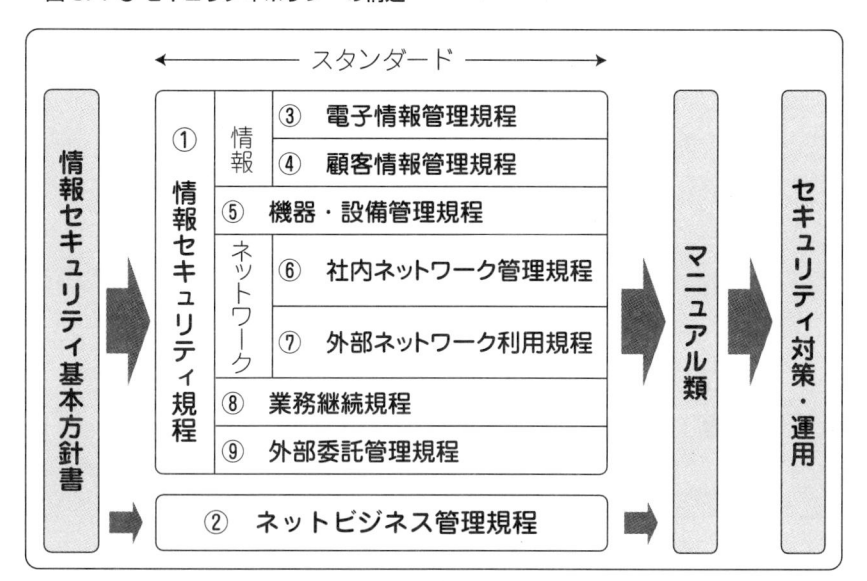

図5.1 ● セキュリティポリシーの構造

```
                  ←──── スタンダード ────→
┌─────┐ ┌─────────────────────────────┐ ┌───┐ ┌─────┐
│情報セ│ │①│情報│③│電子情報管理規程    │ │マ │ │セキ │
│キュリ│ │情│報 │④│顧客情報管理規程    │ │ニ │ │ュリ │
│ティ基│ │報セ│  │⑤│機器・設備管理規程  │ │ュ │ │ティ │
│本方針│⇒│キュ│ネッ│⑥│社内ネットワーク管理規程│⇒│ア │⇒│対策 │
│書   │ │リテ│トワ│⑦│外部ネットワーク利用規程│ │ル │ │・   │
│     │ │ィ規│ーク│⑧│業務継続規程        │ │類 │ │運用 │
│     │ │程  │    │⑨│外部委託管理規程    │ │   │ │     │
└─────┘ └─────────────────────────────┘ └───┘ └─────┘
         ⇒│②│ネットビジネス管理規程│⇒
```

(2) 基本方針書

情報セキュリティは，情報システムが「不安のない状態」であることであり，一般的に「可用性」，「インテグリティ」，「機密性」がそれぞれ確保されていることである（図5.2参照）．基本方針書は，このセキュリティの基本概念にもとづいて策定する必要がある．情報システムはビジネス活動の基盤であり，「情報システムを不安のない状態におくこと」は，すなわち「ビジネス活動を不安のない状態におくこと」といえる．したがって，ビジネス活動を「可用性」，「インテグリティ」，「機密性」の3つの視点から検討して，基本方針書を策定することが大切である．以下に，それぞれのポイントを解説する．

① 可用性の確保

可用性とは，情報システムを利用したいときに利用できることをいい，システム障害，通信障害などによるシステムの停止や破壊などから情報システムが保護されていることを意味する．可用性には，システムのレスポンス，パフォ

87

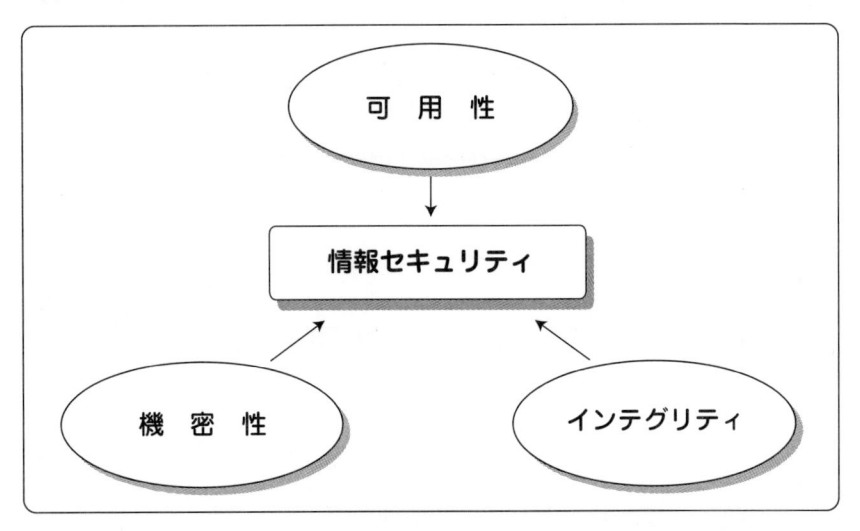

第5章　セキュリティポリシーのモデル

図5.2 ● セキュリティの基本要素

```
               ┌─────────┐
               │ 可 用 性 │
               └────┬────┘
                    ↓
            ┌──────────────┐
            │ 情報セキュリティ │
            └──────────────┘
              ↑            ↑
       ┌─────────┐   ┌──────────┐
       │ 機 密 性 │   │インテグリティ│
       └─────────┘   └──────────┘
```

ーマンスが要求仕様どおりであることや，操作性の良さを確保することも含まれる．可用性が担保できなくなると，企業の営業活動などに支障が生じるだけでなく，経営判断，経営戦略などに大きな問題が発生することもある．したがって，顧客や社内各部門の活動に支障をきたさないよう，基本方針に情報システムを安定稼動させることを盛り込まなければならない．

② **インテグリティの確保**

　インテグリティは，保全性，完全性，首尾一貫性，整合性など，さまざまな言葉に訳されるが，「データが首尾一貫して，整合性を保ちながら正確に処理されること」といえる．つまり，インテグリティはシステム処理（データ処理）が正確かつ信頼できるものであることを意味し，ビジネス活動に必須の要件である．例えば，受注データに誤りがあれば，顧客に対して誤請求したり，製造や仕入業務に支障が発生したりすることになるので，インテグリティの確保は不可欠である．

③ **機密性の確保**

　機密性は，情報（データ）が権限のある者に，権限のあるときに，定められ

5.1 セキュリティポリシーの体系

図 5.3 ● 機密性確保の構成

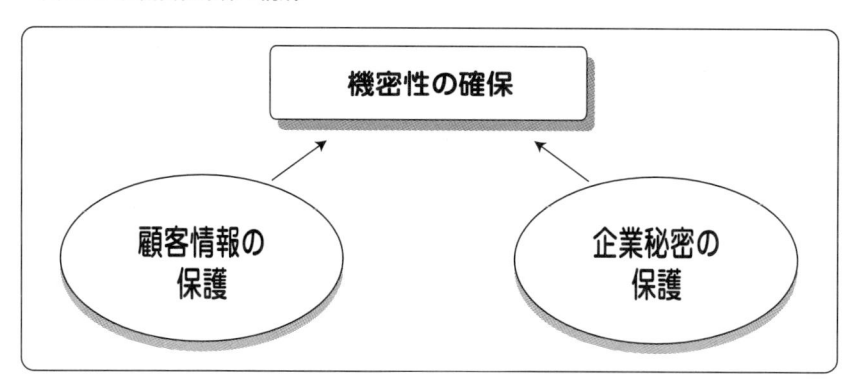

```
         機密性の確保
         ↑        ↑
   顧客情報の      企業秘密の
     保護           保護
```

た方法で開示されていることである．簡単にいえば，情報の漏洩や不用意な開示がないように情報が保護されていることである．機密性の確保は，顧客にかかわるものと，企業秘密・ノウハウといった企業にかかわるものとに分けることができる（図5.3参照）．どちらの情報も第三者に漏洩しないようにすることが重要である．例えば，ネット顧客の個人情報が漏洩すると，顧客から損害賠償を求められたり，社会的信用を落して顧客を失うおそれがある．したがって，機密性の保護は，ネットビジネスを行ううえでの必須要件なのである．

（3） スタンダードの体系

　スタンダードは，基本方針に従って具体的な取扱いを定めたものである．スタンダードには，さまざまなものがある（表5.1参照）．本書では，情報セキュリティの取扱いの概要を定めた「情報セキュリティ規程」と，取扱いの詳細を定めた各規程に分けている．スタンダードは図5.1で示したように，9つの規程で構成され，適用範囲は，図5.4に示すとおりである．これらは，あくまでもモデルであり，各社の状況に応じて規程をまとめたり，さらに詳細な規程を作成したりするなど工夫していただきたい．なお，スタンダードの策定において，定めるべき項目に漏れがないようにするためには第2章2.3節で述べたBS 7799の項目を参考にするとよい．

第5章 セキュリティポリシーのモデル

表5.1 ● 本書で取り上げるセキュリティスタンダード

	スタンダードの名称	内　容
①	情報セキュリティ規程	各種スタンダードの総論的な規程であり，情報セキュリティの取扱い全般について定めたものである．
②	ネットビジネス管理規程	ネットビジネスにかかわる部分のセキュリティの取扱いをまとめたものである．本書では，ネットビジネス管理規程を，情報セキュリティ規程と同列に位置づけている．ネットビジネスの関係者は，これを遵守してビジネス活動を行う．
③	電子情報管理規程	企業の重要な資産である情報の取扱いを定めたスタンダードである．電子情報を活用してビジネス活動を行っている者は，これを遵守しなければならない．
④	顧客情報管理規程	電子情報のうち顧客にかかわる情報の管理に関する事項を定めたものである．顧客情報には，法人および個人情報があるが，特に個人情報保護の視点から遵守すべき事項を定めている．
⑤	機器・設備管理規程	コンピューター（メインフレーム，サーバー，クライアントなど），コンピューター付属機器，データセンターおよびプリントセンターの各種機器・設備などの管理基準を定めたスタンダードである．主として情報システム部門およびユーザー部門のサーバー管理者などが遵守すべき事項を定めている．
⑥	社内ネットワーク管理規程	社内ネットワークへの接続管理，運用管理を定めたものである．社内ネットワークのセキュリティを確保するために，機器の接続，特権管理，ユーザー登録などの取扱いを定めている．
⑦	外部ネットワーク利用規程	インターネットなどの外部ネットワークを利用する際の取扱いを定めたスタンダードである．外部への情報発信，外部からの情報収集の両面からの取扱いを定めている．
⑧	業務継続規程	不測の事態が発生した場合の取扱いを定めたスタンダードである．具体的には，災害，テロ，火災などの緊急時の行動基準を定め，応急対応，損失拡大の防止などの取扱いを網羅している．
⑨	外部委託管理規程	情報システムの開発・運用に際しては，自社要員だけではなく，外部委託要員の協力が不可欠である．この規程は，外部委託を行う場合の管理ポイント，注意事項などを定めたものである．

図5.4 ● スタンダードの主たる適用範囲

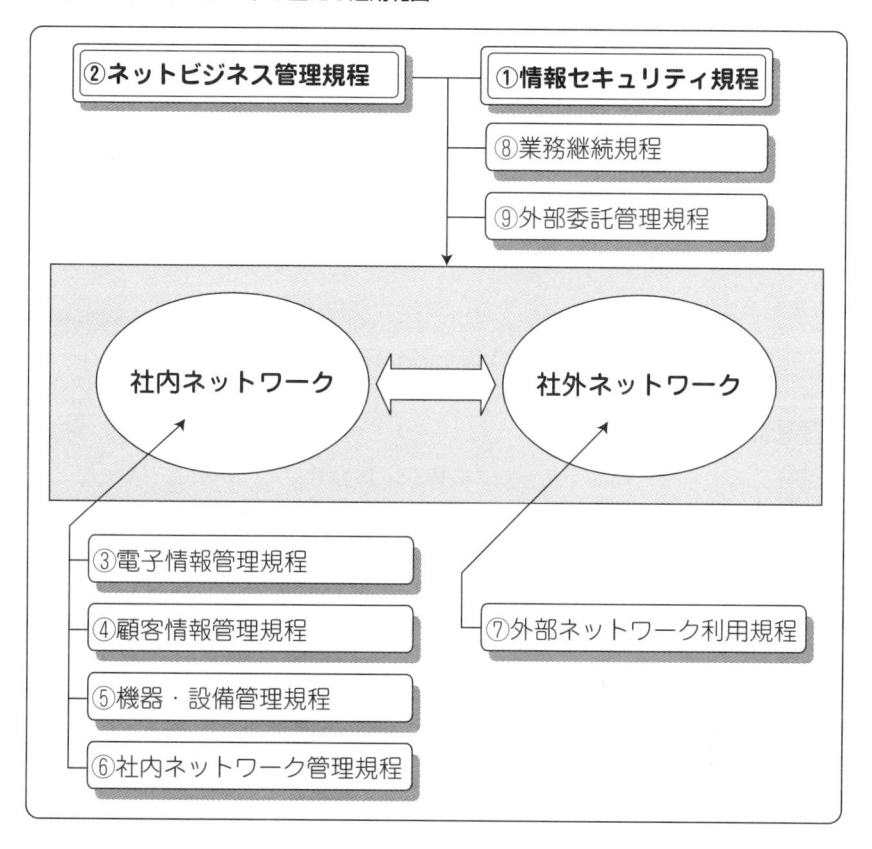

```
②ネットビジネス管理規程    ①情報セキュリティ規程
                         ⑧業務継続規程
                         ⑨外部委託管理規程

      社内ネットワーク  ⇔  社外ネットワーク

③電子情報管理規程
④顧客情報管理規程         ⑦外部ネットワーク利用規程
⑤機器・設備管理規程
⑥社内ネットワーク管理規程
```

5.2　情報セキュリティ基本方針書

　情報セキュリティ基本方針書は，情報セキュリティに関する企業の基本的な考え方をまとめたものであり，企業のセキュリティ理念といえる．したがって，

第5章　セキュリティポリシーのモデル

情報セキュリティにかかわる詳細な事項を記述することは適切でない．経営者をはじめ，従業員1人ひとりに至るまで趣旨を徹底できるように，シンプルなものにするとよい．

　本節では，基本方針書のモデルを提案し，解説する．なおこのモデルは，社内に周知するだけではなく，社外に対して公表することを前提に策定している（文章表現を外部向けにしている）．モデルの内容を加筆・修正してホームページに掲載すれば，企業の情報セキュリティに対する基本姿勢を表明できる．

> 1. 当社は，情報システムの可用性・インテグリティ・機密性を確保し，情報技術を利用したお客様サービスの維持向上に努めます．

▍条文の意味

　情報システムは，商品やサービスの販売，問合せ対応，新製品・サービスなどの広告宣伝など，お客様サービスを行ううえで不可欠のものになっている．したがって，情報システムのセキュリティを確保することは，お客様サービスを行ううえで必須の前提条件である．なお，セキュリティの3つの基本要素（可用性・インテグリティ・機密性）については5.1節で説明しているので，ここでは省略する．

> 2. お客様に関する情報は，適切な保護対策を講じて漏洩，改ざん，破壊などから守ります．

▍条文の意味

　セキュリティポリシーでは，顧客の立場も重視すべきである．顧客の立場から見ると，個人情報保護つまり顧客情報の保護に対する関心が高まっている．情報システムを前提としたビジネス活動，特にネットビジネスを進めるうえで，顧客情報の保護は必須要件である．顧客がインターネットを利用して商品購入を行わない大きな理由の1つに「顧客情報の漏洩」が挙げられている．顧客情報の保護を適切に行うことによって，自社が行うネットビジネスに対する信頼

5.2 情報セキュリティ基本方針書

を高めることができる．

運用上のポイント

❶ お客様に関する情報は，お客様が個人の場合には個人情報として保護しなければならない．個人情報保護に関する具体的な取扱いについては，通商産業省や金融情報システムセンター（FISC）などからガイドラインが公表され，JIS規格（JIS Q 15001）も制定されている．

❷ 通商産業省『個人情報保護ガイドライン』では，次のような個人情報保護のための要件を定めているので，これらを満足させる体制を整備して運用しなければならない．
    ⓐ 収集目的の明確化
    ⓑ 目的外利用の禁止
    ⓒ 適正管理
    ⓓ 開示請求，訂正
    ⓔ 管理者の明確化（管理体制の確立）

❸ 顧客情報は，顧客および取引先との取引を正確に行うために重要な情報である．例えば，顧客の住所に誤りがあれば正確に商品を配送できないし，クレジットカード番号や銀行口座番号などに誤りがあれば正しい代金回収ができなくなる．ビジネス活動の視点から見ても，顧客情報の改ざん・破壊および誤りをなくすことは重要である．

---

3. 情報システムの可用性およびインテグリティを確保して，お客様および取引先など関係者に迷惑のかからないように努めます．

条文の意味

① コンピューターやネットワークの障害，誤処理などのトラブルは，企業のビジネス活動を進めるうえで大きな損失をもたらすとともに，顧客や取引先に対しても大きな迷惑をかけることになる．企業に対する信頼感を高め，企

第5章　セキュリティポリシーのモデル

図5.5 ● 顧客サービスとセキュリティ

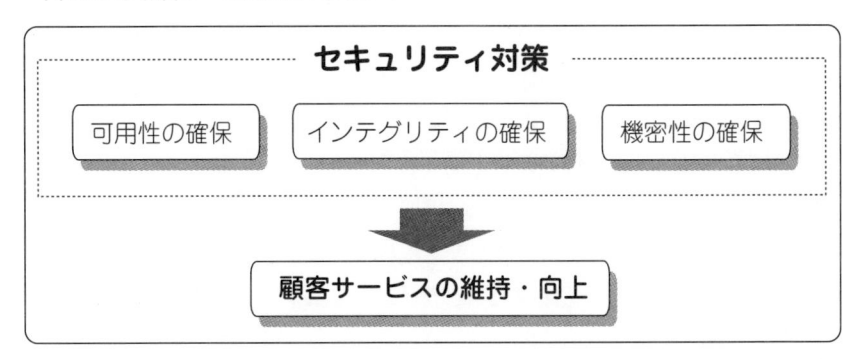

```
┌─────────────────────────────────────────────┐
│              セキュリティ対策                │
│  ┌──────────┐ ┌──────────────┐ ┌──────────┐ │
│  │可用性の確保│ │インテグリティの確保│ │機密性の確保│ │
│  └──────────┘ └──────────────┘ └──────────┘ │
│                     ↓                        │
│          ┌──────────────────────┐            │
│          │ 顧客サービスの維持・向上 │            │
│          └──────────────────────┘            │
└─────────────────────────────────────────────┘
```

業の社会的責任を果たすために，情報システムのセキュリティ確保はきわめて重要である（図5.5参照）．

② 情報システムの障害によって，自社のサービスだけが停止したために，顧客が競合他社と取引をはじめ，顧客を失うおそれもある．特にネットビジネスにおいては，このような事態にならないようにしなければならない．

⚠ 運用上のポイント

❶ システムの可用性およびインテグリティを阻害するリスクには，次のものがある．
　ⓐ 地震，火災，雷，水害などの自然災害
　ⓑ 機器・設備の故障などの偶発的脅威
　ⓒ 犯罪，不正行為，テロなどの意図的脅威

❷ これらのリスクに対応するために，次のような対策を講じるとよい．
　ⓐ アクセスコントロール
　ⓑ バックアップ機器・回線
　ⓒ データのバックアップ
　ⓓ 保守体制の整備
　ⓔ ソフトウェアの品質管理
　ⓕ システムによるデータチェック

5.2 情報セキュリティ基本方針書

4. 当社の従業員などに対して，情報セキュリティの重要性を認識させて，情報および情報システムの適正な利用を行うように周知徹底を図ります．

条文の意味

情報システムのセキュリティ対策を有効なものとするためには，情報システムを管理，運用または利用する者のセキュリティに対する意識が必須である．なぜなら，パスワードによるアクセスコントロールを行っていても，ID（パスワード）の貸し借りを日常的に行っているような企業では，アクセス管理は実質的に行われていないことになるからである．このようなことがないよう，情報および情報システムの取扱者に対するセキュリティ教育を定期的に行う必要がある．

運用上のポイント

セキュリティ対策の基本は，「当たり前のことを当たり前に行うこと」である．そのためには，セキュリティに関する教育を行う他，セキュリティポリシーに従って情報システムを適正に運用しようという，いわゆる「遵法精神」を養うための教育が不可欠である（図5.6参照）．これは，情報倫理教育ともよ

図5.6 ● セキュリティ教育の意義

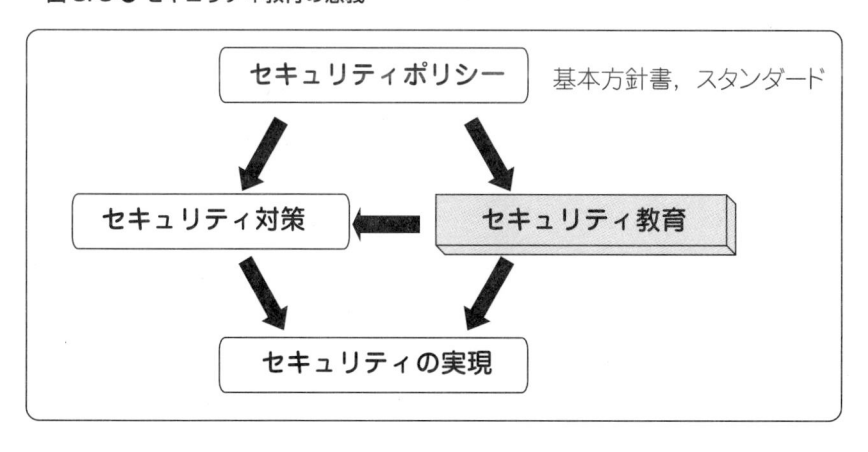

ばれる．なお，セキュリティ教育は，情報リテラシー教育，システム操作教育などの機会を利用して行うとより効果的である．

> 5. 当社は，セキュリティポリシーの遵守状況などを点検・評価するために，システム監査を実施して，セキュリティの確保に努めます．

条文の意味

セキュリティポリシーを遵守をさせるためには，管理者によるチェックだけでなく，システム監査を活用するとよい．システム監査は，情報システムの安全性，信頼性，効率性，有効性などを点検・評価することを目的としている．なお，情報セキュリティ監査は，システム監査の一分野である．

❗ 運用上のポイント

❶ システム監査は，内部監査部門が実施する他，必要に応じてシステム監査技術者がいる監査法人などに委託するとよい．

❷ 第三者が行うシステム監査は，内部監査に比較して客観性が高まる．したがって，自社のセキュリティレベルの高さを顧客や取引先などに強調したい場合には，外部にシステム監査を委託するとよい．

以上の基本方針書は社外への公表を前提としているので，罰則については記載していない．社内周知を目的とする場合には，セキュリティポリシーを遵守しなかった場合の罰則について，基本方針書に明記してもよい．

5.3 セキュリティスタンダード《情報セキュリティ規程》

5.3 セキュリティスタンダード

5.3.1 情報セキュリティ規程

　情報セキュリティ規程は，情報セキュリティ基本方針にもとづいて作成する．情報セキュリティ規程は，具体的なセキュリティ対策を構築するための基本的な考え方であり，企業の情報システムの全体像を把握したうえで作成する必要がある．情報セキュリティ規程の内容は，表5.2に示すとおりである．

　ここに掲げるモデル規程は，企業の情報システムを，社内ネットワーク，外部ネットワーク，社内ネットワークと社外ネットワークの接続領域（ファイアウォールなど）という，3つの領域からセキュリティに関する考え方や取扱いを整理したものである．

---

1. 総　　則

1.1 目　　的
　この規程は，当社の情報システムのセキュリティを確保し，当社の事業活動を正常かつ円滑に行うことを目的として定める．

▶条文の意味

① 「1. 総則」では，この規程の目的，適用範囲などの事項をまとめている．また，「1.1　目的」は，この規程の目的を明確にしたものである．情報セキュリティ規程は，企業の情報システムのセキュリティを確保するために策定するものである．

② 　情報システムには，コンピューターや電磁媒体などに収録された情報（データを含む），ソフトウェア（業務システム，オペレーティングシステム，ミドルウェアなど），ハードウェア（サーバー，クライアント，携帯パソコン，付属機器など），ネットワーク（通信回線，LAN，通信機器・設備，ルータ

第 5 章　セキュリティポリシーのモデル

表5.2● 情報セキュリティ規程の内容

```
 1. 総　　　則
   1.1  目　　　的
   1.2  定　　　義
   1.3  適用範囲
   1.4  セキュリティ管理責任者
   1.5  セキュリティ担当者
 2. 全般事項
   2.1  情報の管理
   2.2  顧客情報の保護
   2.3  規程の遵守義務と罰則
   2.4  知的財産権の保護
   2.5  システムの企画および開発
   2.6  システムの運用
   2.7  注意義務
   2.8  事故・障害の連絡
   2.9  リスクの評価
   2.10 守秘義務
   2.11 外部委託
   2.12 業務継続計画
   2.13 監　　　査
 3. 社内ネットワークのセキュリティ
   3.1  機器・設備管理
   3.2  変更管理
   3.3  接続管理
   3.4  アクセス管理
   3.5  媒体の管理
   3.6  電子メールの扱い
   3.7  ウイルス対策
 4. 外部ネットワークとの接続領域のセキュリティ
   4.1  接続管理
   4.2  変更管理
   4.3  不正アクセスの防止
   4.4  社外からの電子メールの扱い
   4.5  外部からのウイルス侵入防止
 5. 外部ネットワークにかかわるセキュリティ
   5.1  情報の発信
   5.2  情報の収集・利用
   5.3  ネットビジネス
   5.4  社外ネットワークへの配慮
 附　則
```

5.3 セキュリティスタンダード《情報セキュリティ規程》

ー，ハブなど）を含む．情報資産，情報資源など別の表現を用いてもよい．

❗ 策定上のポイント

情報セキュリティ規程を策定する場合には，事業活動を遂行するためにどのようにしたらよいかを考えるとよい．その場合，企業論理だけではなく，社会ルールも忘れないようにする必要がある．なお，情報セキュリティ規程で定める項目は広範にわたるので，策定に際しては項目の漏れがないよう，英国基準のBS 7799 などを参考にするとよい．

1.2 定　義
　この規程で使用する用語は，以下のとおり定義する．
（1）セキュリティ　情報システムの可用性，インテグリティ，機密性を確保すること．
（2）セキュリティ対策　セキュリティを確保するための対策をいい，予防，発見，回復のために必要な設備，機器，要員，および手続などの対策をいう．
（3）情報　情報システムへ入力・保存された情報および画面または帳票に出力された情報をいう．入力前の情報および伝送途中の情報も含む．なお，情報にはデータも含むものとする．
（4）顧客情報　顧客に関する氏名，名称，住所，電話番号，生年月日，銀行口座番号などの情報であり，個人または法人の別を問わない．
（5）取扱者　情報システムおよび情報を取り扱う者であり，役員，社員，派遣社員，パート，アルバイト，外部委託先の従業員などすべての者をいう．取扱者には，情報システムやネットワークの管理者だけでなく，利用者も含む．

<u>条文の意味</u>

この規程で用いられる用語を定義している．規程で用いられる用語は，読む人によって受け取り方が異なる場合があるので，難しい用語や誤解を受けそうな用語については，定義する必要がある．

📖 用語の補足説明

❶ セキュリティの定義

第5章　セキュリティポリシーのモデル

　セキュリティは，一般的に「不安のない状態にしておくこと」と定義できるが，安全，安心，無事など，読み手によってさまざまな受け取り方がある．なぜなら，「不安のない状態」といっても，システム障害がないことを意味するのか，社内の機密情報の漏洩が起こらないことを意味するのか，情報システムで処理されるデータが正確で信頼できることを意味するのか，その受け取り方はさまざまだからである．なお，可用性，インテグリティ，機密性の意味については，本章の5.1節を参照されたい．

❷　セキュリティ対策

　セキュリティ対策とは，情報システムのセキュリティを確保するための対策である．つまり，情報システムを不安のない安全な状態にするための対策ということができる．セキュリティ対策はその役割から，予防，発見，回復（復旧）の各対策に分類できる．

❸　情　　報

　情報の意味は，各人各様に受け取られるおそれがある．情報をコンピューター上のデジタルデータだけとして捉えると，アウトプット帳票やディスプレイのハードコピーなどに関するセキュリティがおろそかになるので，定義を明確にした．情報は，データにある意味や価値などを付加したものと定義できるが，ここでは，情報のなかにデータも含めて定義している．必要に応じて，情報とデータを分けて取り扱ってもよい．

❹　顧客情報

　情報のなかでも，顧客情報は重要な意味をもつので，独立した用語として定義している．顧客情報には，法人顧客の他，個人顧客の情報も含む．

❺　取 扱 者

　セキュリティポリシーの適用対象となる者が，システム部門だけではなく利用者を含めてすべての者になることを明確にするために定義した．

5.3 セキュリティスタンダード《情報セキュリティ規程》

> 1.3 適用範囲
> 1.3.1 この規程は，情報，ソフトウェア，ハードウェア，ネットワークおよびこれに関連する機器，設備などの取扱者すべてに適用する．
> 1.3.2 前項にかかわる業務を外部に委託する場合には，この規程に準拠した内容の契約を締結し，外部委託先に対してもこの規程を遵守させるようにすること．

条文の意味

① セキュリティには，情報システムにかかわるものの他に，経営リスク，金融リスク，サイバーテロなどさまざまなものがある．この規程は，情報セキュリティに関する規程なので，情報，ソフトウェア，ハードウェア，ネットワークなど情報システムにかかわる部門や従業員を適用範囲としている．役員についても従業員と同様に規程の適用対象とする必要がある．

② 情報にかかわる業務を外部に委託する場合には，当該委託業務に携わる受託会社の従業員などについても，この規程の定めに従って業務を遂行するよう，当該受託企業との間で契約を締結する必要がある．

> 1.4 セキュリティ管理責任者
> 1.4.1 セキュリティ管理責任者を定めなければならない．
> 1.4.2 セキュリティ管理責任者の職務は，次のとおりとする．
> (1) 全社の情報セキュリティに関する方針および規程の策定・変更
> (2) 全社のリスク分析・評価
> (3) 全社のセキュリティ対策の整備・運用
> (4) セキュリティ担当者および従業員の情報セキュリティ教育
> (5) 全社の情報セキュリティに関するその他の事項

条文の意味

① 情報セキュリティを確保するためには，情報セキュリティを担当する責任者を明確にする必要がある．わが国では少ないが，欧米ではセキュリティ管理責任者を定めているケースが多い．

第5章 セキュリティポリシーのモデル

② この規程では，セキュリティ管理責任者とセキュリティ担当者を，図5.7に示すような体制にしている．セキュリティ管理責任者は，企業の情報セキュリティ全般について責任を負うものである．したがって，役員がセキュリティ管理責任者に選任されることが望ましい．
③ この規程の体制は，あくまで一例なので，各企業の状況に応じて変更していただきたい．なお，第4章では，情報セキュリティ統括役員（CISO），情報セキュリティ委員会，情報管理責任者，情報管理者などから構成される組織体制について説明しているので，それも参照されたい．

⚠ 運用上のポイント

人事異動や組織変更があったときには，情報セキュリティの管理責任者も遅滞なく変更し，管理責任者の責任，義務，権限など必要な教育をするとよい．なお，管理責任者が不在のときの取扱いについても定める必要がある．

図5.7 ● セキュリティ管理体制

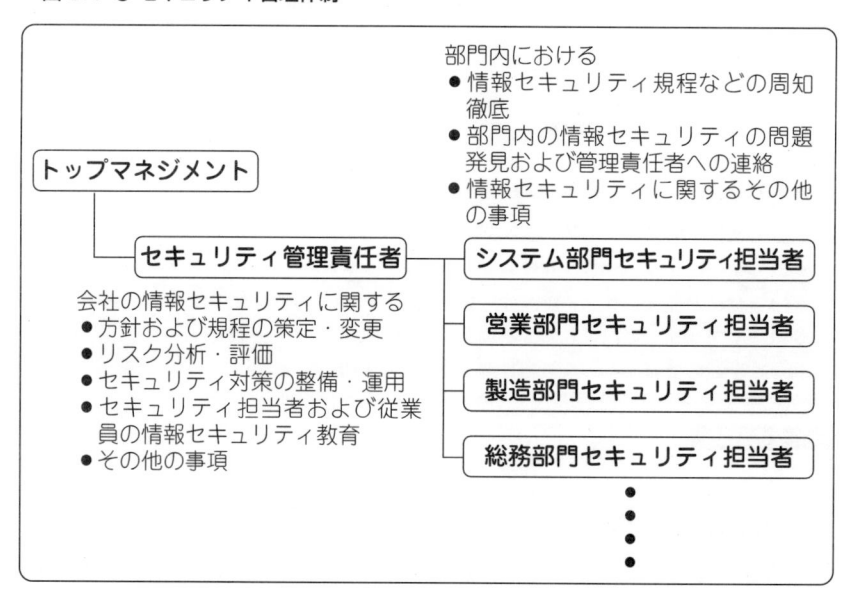

```
トップマネジメント
  │
  └─ セキュリティ管理責任者 ─┬─ システム部門セキュリティ担当者
                              ├─ 営業部門セキュリティ担当者
                              ├─ 製造部門セキュリティ担当者
                              └─ 総務部門セキュリティ担当者
                                   ⋮
```

セキュリティ管理責任者：
会社の情報セキュリティに関する
- 方針および規程の策定・変更
- リスク分析・評価
- セキュリティ対策の整備・運用
- セキュリティ担当者および従業員の情報セキュリティ教育
- その他の事項

各部門セキュリティ担当者：
部門内における
- 情報セキュリティ規程などの周知徹底
- 部門内の情報セキュリティの問題発見および管理責任者への連絡
- 情報セキュリティに関するその他の事項

5.3 セキュリティスタンダード《情報セキュリティ規程》

> 1.5 セキュリティ担当者
> 1.5.1 各部門長は，セキュリティ担当者を任命すること．
> 1.5.2 セキュリティ担当者の職務は，次のとおりとする．
> (1) 部門内における情報セキュリティ規程などの周知・徹底
> (2) 部門内の情報セキュリティの問題発見およびセキュリティ管理責任者への連絡
> (3) 部門内の情報セキュリティに関するその他の事項

条文の意味

① このモデル規程では，各部門の所属員がセキュリティポリシーに従って行動するように，セキュリティ担当者を各部門ごとに配置している．セキュリティ担当者は，各部門で情報セキュリティに関する問題の発生や，リスクの変化などが発生した場合の各部門における連絡窓口ともなる．

② 中小規模の組織ではセキュリティ管理責任者がセキュリティ担当者を兼務できる．しかし，セキュリティ管理責任者が出張などで不在の場合に備え，セキュリティ担当者を別に定めて複数体制にするとよい．不在時に問題が発生して対応を誤るおそれがあるからである．

運用上のポイント

人事異動，組織改正などがあったときには，すみやかにセキュリティ担当者も見直す必要がある．また，セキュリティ担当者に対して，セキュリティポリシーおよび各規程の教育を行うとともに，セキュリティ担当者の責任，義務，権限などに関する教育も忘れずに行うことが重要である．

> 2. 全般事項
> 2.1 情報の管理
> 当社が所有する情報について，その重要度を評価・分類し，重要度に応じた管理を行い，情報の漏洩，破壊，改ざんなどが起こらないように管理すること．

第5章 セキュリティポリシーのモデル

条文の意味

① 「2. 全般事項」では，情報システムの可用性，インテグリティ，機密性の確保という3つの情報セキュリティに共通する事項をまとめている．

② 情報セキュリティの対象は，ハードウェアやネットワークなど広範囲にわたるが，重要なものは情報である．情報システムを不安のない状態にするということは，突き詰めて考えれば，情報を安全な状態にしておくことを意味する．

③ 情報の管理を適切に行うことは，情報セキュリティの基本であり，そのためには情報の重要性を評価して，それに応じた管理を行う必要がある．重要度は，可用性，インテグリティ，機密性の視点から評価・分類できるが，これについては，第2章「2.3 セキュリティポリシーの策定手順」(p.38) および第3章「3.3 リスク評価の手順」(p.52) を参照されたい．

! 運用上のポイント

情報管理を厳重にすればするほど，必要なコストも増大する．セキュリティ対策では，リスクとコストのバランスが重要である．

2.2 顧客情報の保護
2.2.1 顧客にかかわる情報の収集，蓄積，利用，外部提供などの取扱いについては，別に定める顧客情報管理規程を厳守すること．
2.2.2 顧客情報には，個人や法人顧客などのすべての顧客を含むものとする．

条文の意味

① 顧客情報は，企業が収集（取得ともいう．ここでは個人情報保護ガイドラインに合わせて「収集」を用いている）・保存・利用する情報のなかで特別な意味をもつ．顧客情報は，CRM（Customer Relationship Management）に代表されるように，企業にとって企業活動を進めるうえで非常に価値のある情報である．

② 一方，顧客の立場から見ると，顧客が企業に対して情報を提供した目的以

5.3 セキュリティスタンダード《情報セキュリティ規程》

外の目的で利用されることは，大きな問題である．例えば，インターネット上で行われるアンケートに応募した際に，顧客が提供した住所，氏名，年齢，趣味，嗜好などの個人情報を，アンケートを行った企業が無断で第三者に対して販売または提供することは，顧客にとって大きな問題になる．

③ 個人情報の収集，利用，提供，管理などについては，通商産業省『個人情報保護ガイドライン』や『JIS Q 15001』のコンプライアンスプログラムなどでさまざまな取扱いが定められている．そこで，このモデル規程では独立させた規程としている．

⚠ 運用上のポイント

詳しくは，第5章「5.3.4 顧客情報管理規程」(p. 159)を参照されたい．

2.3 規程の遵守義務と罰則

取扱者は，情報，ソフトウェア，ハードウェア，ネットワークなどの利用に際して，この規程をはじめとする情報セキュリティに関する規程を遵守すること．規程を遵守しない場合には，情報システムの利用制限，または社員就業規則にもとづいた懲戒などを行うことがある．

▎条文の意味

① 情報の取扱者にセキュリティポリシーに従って業務を行おうとさせる意識が，倫理意識である．例えば，交通ルールがあってもそれを守らなければ，交通安全は実現できない．交通ルールを守ろうとする意識が，倫理意識である（図5.8参照）．

② 規程を遵守しない場合の罰則を明示し，企業の情報セキュリティに対する姿勢を明確にしている．これによって，規程の遵守を徹底させることを目的としている．なお，外部委託先に対しては，契約で遵守義務，監督責任などを明確にする必要がある．

第 5 章　セキュリティポリシーのモデル

図 5.8 ● セキュリティポリシーと倫理意識の関係

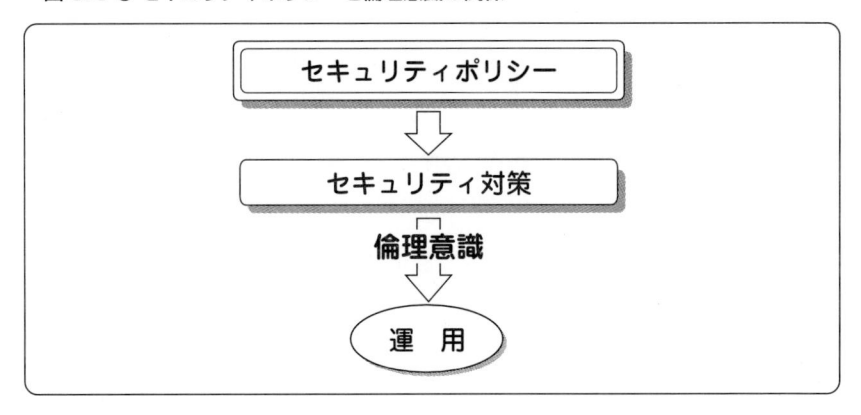

```
┌─────────────────────────────────────┐
│         ┌──────────────────┐        │
│         │ セキュリティポリシー │        │
│         └──────────────────┘        │
│                  ↓                  │
│         ┌──────────────────┐        │
│         │  セキュリティ対策  │        │
│         └──────────────────┘        │
│               倫理意識              │
│                  ↓                  │
│            ╱──────────╲             │
│           (    運　用    )          │
│            ╲──────────╱             │
└─────────────────────────────────────┘
```

❗ 運用上のポイント

❶　情報セキュリティを確保するためには，利用者 1 人ひとりの倫理意識が大切である．倫理意識を高めるためには，企業としての姿勢と地道で継続的な教育が最も大切である．

❷　情報システムにかかわる倫理は，「情報倫理」ともいわれる．情報倫理についてはさまざまな定義があるが，実務上は，情報システムを利用する際の"エチケット"や"マナー"として考えればよい．これについては，倫理規程または行動基準として独立させてもよい．

❸　規程に違反した場合の罰則については，社員就業規則にもとづいて行うか，情報システムへのアクセス権を一定期間停止するなどの利用制限を行う方法がある．企業カルチャーによって異なるので，自社にあった内容に修正するとよい．

2.4　知的財産権の保護

情報システムにかかわる特許権，実用新案権，意匠権，著作権などの知的財産権について，当社が権利を有し，または有する可能性のある知的財産権を保護するとともに，第三者が権利を有する知的財産権を侵害しないようにすること．

5.3 セキュリティスタンダード《情報セキュリティ規程》

条文の意味

① ソフトウェアを導入する場合には，適正な方法で調達しなければならない．不正な方法で入手したソフトウェアは，違法コピーとして処罰される．

② インターネットの普及にともなって，例えば，映像・音楽を利用した製品やサービスの宣伝が可能になった．このような場合には，知的財産権について，第三者の権利侵害の防止，自社の権利保護が必要になる．

③ ネットビジネスでは，一定の要件を満たせばビジネスのやり方自体が特許として認められる．ネットビジネスに参入する場合には，他者の特許を侵害しないような配慮と，自社が発明したビジネス手法を保護する意識が必要になる．このような特許は，ビジネスモデル特許またはビジネス関連特許とよばれている．

運用上のポイント

❶ ソフトウェア，データベース，コンテンツには，著作権があることを取扱者に認識させるために，教育を行う必要がある．特に，第三者が権利を有する映像や音楽などを利用する場合には，著作権者の許諾を受ける必要がある．また，ビジネスモデルを検討する場合には，第三者の権利を侵害しないように事前にチェックすること．自社独自のビジネスモデルは，特許出願するなどして権利の保全に努めること．

❷ ソフトウェアの管理については，通商産業省『ソフトウェア管理ガイドライン』(http://www.miti.go.jp/past/c51114a2.html) を参照するとよい．

2.5 システムの企画および開発
2.5.1 システム開発に際しては，当社の事業活動におけるシステムの重要性に応じて，必要なセキュリティ機能を織り込むこと．
2.5.2 システムの企画・開発環境は，当社の情報およびソフトウェアの漏洩・破壊・改ざん，ハードウェアの故障・破壊・盗難・紛失，ネットワークの障害・妨害などが発生しないように，必要なセキュリティ対策を講じること．

第5章 セキュリティポリシーのモデル

条文の意味

① システムが稼動してから当該システムにセキュリティ機能を組み込もうとすると，多大なコストと手間がかかる．また，セキュリティ機能に欠陥や不足が生じるおそれがある．セキュリティ対策にかかわるコストの低減と，セキュリティホールの発生を予防・低減するために，情報システムの企画・開発段階でセキュリティ要件についても検討し，あらかじめ必要なセキュリティ機能を組み込む必要がある．なお，セキュリティ機能の検討に当たっては，プログラムの機能だけではなく，業務プロセス全体を通じてセキュリティが確保できるような管理体制も検討しなければならない．

② システムの企画・開発作業を行う場合には，アクセス管理の不備などにより機密情報，データベース，ソフトウェアが外部に漏洩するおそれがある．また，ハードウェア障害などによって開発中のソフトウェアが破壊されるリスクもある．したがって，システムの企画・開発環境そのもののセキュリティ確保も重要である．

❗ 運用上のポイント

❶ システム開発マニュアルなどにセキュリティ機能や開発時の注意事項などに関する項目を明記して，システム開発担当者に周知することが有効である．また，システム開発の作業場所や作業者を限定するとよい．

❷ 開発中のソフトウェアについては，アクセスコントロールやバックアップを適切に行う必要がある．

2.6 システムの運用
2.6.1 当社の情報システムを正常にかつ安定して稼動させて，当社の事業活動に資するために，情報システムのセキュリティ確保を図ること．
2.6.2 システム運用にかかわるセキュリティ対策は，事業活動の効率性にも考慮して検討すること．

5.3 セキュリティスタンダード《情報セキュリティ規程》

> 条文の意味

システム運用を適切に行って，情報システムの可用性，インテグリティ，機密性を確保する必要がある．しかし，セキュリティレベルを高めると，それに反して情報システムの効率性や利便性が低下する場合がある．したがって，効率性や利便性を考慮したセキュリティの確保が重要である．なお，システムの運用には，メインフレームのオペレーションの他に，イントラネットやLANの運用なども含む．

❗ 運用上のポイント

システム運用を自動化して人間の介在を少なくすれば，ヒューマンエラーによるシステム障害などを防止できる．また，モニタリング機能をシステムに組み込んで，システム運用時の障害発生を速やかに把握できる体制を確立するとよい．

2.7 注意義務
　取扱者は，情報システムの企画，開発，運用および利用において，事故や障害が発生しないように注意すること．

> 条文の意味

情報システムがクライアントサーバー・システムのような分散処理になり，モバイルコンピューティングが進展すると，情報システムに携わる管理者や利用者も大幅に増える．したがって，情報システム部門だけでは必ずしも十分なセキュリティを確保できないので，利用者の協力が必要になる．

❗ 運用上のポイント

❶ 取扱者の注意義務を周知徹底するために，定期的な教育が重要である．教育は，専門用語を多用しないで，やさしい言葉で簡潔にまとめた内容で行うとよい．教育の対象者には，社員の他，派遣社員，パート，アルバイト，外

第 5 章 セキュリティポリシーのモデル

部委託先なども含めること．当然ながら，役員に対しても教育する必要がある．

❷ 情報システムの管理者や利用者全員で情報システムを取り巻くリスクを点検・評価して，問題を早期に発見して損失が発生しないように早めに対処する方法が有効である．

2.8 事故・障害の連絡

取扱者は，情報システムの企画，開発，運用および利用において，事故，障害などが発生した場合，または発生が予測される場合には，セキュリティ担当者に連絡するとともに，可能な範囲で復旧のための応急措置を講じること．

条文の意味

① セキュリティ対策を講じていても，事故，障害，不正などを完全に防止することはできない．そこで，事故，障害，不正などが発生した場合の連絡体制を整備しておく必要がある．また，事故や障害などが発生した場合には，応急措置を行うことも必要になる．

② サーバーやクライアントが各部門に配備され，営業担当者がモバイル機器を携帯して取引先に出かけるようなシステム環境では，リスクも広範囲に広がる．したがって，システム管理者や各部門の管理者が情報システム全体を監視することは，現実的にきわめて困難であり，全従業員で対応する体制の確立が必須である．

⚠ 運用上のポイント

❶ 人事異動などによる管理者や担当者の変更があった場合には，ただちに連絡体制も変更しなければならない．特に，ベンダー各社の連絡先の変更は忘れやすいので注意が必要である．

❷ 定期的に連絡体制図の見直しを行うと，変更もれをチェックできる．また，緊急時の連絡訓練を行うと，連絡体制の欠陥を発見できる．

5.3 セキュリティスタンダード《情報セキュリティ規程》

2.9 リスクの評価
当社の情報システムおよびネットワークを取り巻くリスクに注意して，セキュリティ対策を講じること．特に，情報通信技術の変化に注意して，それにともなうリスクの変化を評価すること．

条文の意味

情報技術の進歩はきわめて早く，システム環境の急速な変化によって，情報システムを取り巻くリスクも急激に変化する．例えば，モバイルコンピューティング技術が一般的でなかった場合には，モバイル機器の紛失や盗難などのリスクを考慮する必要は少なかったが，現在のようにモバイルコンピューティングが広く行われるようになると，モバイル機器の盗難，紛失などのリスクが増加し，これに備えたセキュリティ対策も必要になる．

❗ 運用上のポイント

❶ 新しい情報技術を利用して情報システムを構築する場合には，その情報技術特有の脆弱性を把握して，リスクを十分に分析する必要がある．例えば，インターネットを利用する場合には，ハッカーによる不正アクセスなどのリスクを検討する．

❷ 新聞，雑誌などに報道される犯罪や事件などに関心をもって，自社の情報システムの場合でも起こり得るかどうかを常に考えるとよい．また，コンピュータ緊急対応センター（JPCERT/CC）のホームページ（http://www.jpcert.or.jp）などから，不正アクセスに関する情報を収集するのも有効な方法である．

2.10 守秘義務
情報システムの企画，開発，運用および利用に際して知得した情報，ノウハウなどは，業務上必要な場合を除き第三者に開示・提供・漏洩してはならない．

第5章　セキュリティポリシーのモデル

> 条文の意味

　情報システムの企画，開発，運用，利用などを通じて企業が取得した技術やノウハウなどは，当該企業にとって重要な資産である．これらの資産を適切に保護し，ビジネスに役立てることが必要である．例えば，企業が開発したソフトウェアやデータベースの他，ソフトウェア開発に際して新たに考案した情報技術などは，不用意に外部に開示・提供しないよう注意しなければならない．

❗ 運用上のポイント

　守秘義務は，契約によって定められるのが一般的である．しかし，たとえ契約があり損害賠償を請求できても，いったん顧客情報が漏洩してしまうと企業の信用を回復することは大変である．したがって，業務上必要がない情報は開示しないこと，開示するときは必要な部分に限定するなど，運用時に注意することが重要である．

2.11　外部委託
　情報システムにかかわる業務を外部に委託する場合には，この規程に定めるセキュリティを担保するために，委託契約を締結し，開示・提供・貸与する情報およびハードウェアなどの制限，立入検査権の確保など，必要な対策をとること．

> 条文の意味

　情報システムの規模の拡大とともに，ソフトウェアの開発，運用などのすべてのシステム関連業務を従業員だけで行うことは，難しくなっている．また，システム業務の一部またはすべてを外部に委託することが多くなっている．したがって，外部委託におけるセキュリティを確保することはきわめて重要である．業務委託に先立って，守秘義務，立入検査権など機密性を確保するための条項を盛り込んだ契約を締結しなければならない．

❗ 運用上のポイント

❶　外部委託を行う場合には，契約を締結した後，業務を任せたままにするの

5.3 セキュリティスタンダード《情報セキュリティ規程》

ではなく，定期的に委託業務の内容をチェックすることが大切である．例えば，成果物のチェックだけではなく，成果物を作成するまでの過程において，セキュリティが確保されていることを確かめること．

❷ ソフトウェア資産の保護の視点から，ソフトウェアの開発を委託する際には，事前に著作権の帰属を取り決めておくことが必要である．

❸ ASP（Application Service Provider）とよばれる情報サービスがあるが，この場合にも，セキュリティを考慮した契約を締結し，運用が適切に行われることを確かめるとよい．

2.12 業務継続計画

2.12.1 地震，風水害，火災，テロリズムなどの不測の事態に備えて，業務継続計画を策定するとともに，定期的に訓練を実施すること．

2.12.2 業務継続計画には，組織体制，連絡体制，緊急動員，復旧措置または仮復旧措置などに関する事項を盛り込むこと．

2.12.3 緊急時に備えて，バックアップ設備の確保，資機材の備蓄，非常用飲食料品の備蓄など，必要な災害対策を講じておくこと．

▎条文の意味

① 業務継続計画は，コンティンジェンシープランとよばれるものである．セキュリティ対策を講じていても，地震，風水害などの自然災害やテロリズムなど，不測の事態によって情報システムが停止する場合がある．

② 業務継続計画を作成しただけでは，緊急時の対策が万全とはいえない．緊急事態が発生した場合に，計画どおりの対応ができるように定期的な訓練を行う必要がある．

③ 業務継続計画では，バックアップ設備や資機材，要員のための飲食料品の備蓄なども必要になる．

❗ 運用上のポイント

2.12.2項および2.12.3項をまとめて，「具体的な取扱いは，業務継続計

第5章 セキュリティポリシーのモデル

画に従う.」と定める方法もある.詳しくは,本章の「5.3.8　業務継続規程」(p.202) を参照されたい.

> 2.13 監　査
> 　この規程および関連する規程の遵守状況を確かめ,情報セキュリティを確保するために,監査を実施すること.

条文の意味

　規程を策定し,取扱者に周知・教育しただけでは,セキュリティを確保することはできない.規程の遵守状況を確かめ,問題がある場合にはそれを改善する必要があるからである.規程の遵守状況をチェックするために監査を行う必要がある.

運用上のポイント

　監査は,内部監査部門が実施するとよい.外部の監査法人などに委託する方法もある.監査では,取扱者の問題点を指摘するだけではなく,規程自体に問題がないか,リスクの見落としがないかなどについてもチェックする必要がある.

> 3. 社内ネットワークのセキュリティ
> 3.1　機器・設備管理
> 3.1.1　情報通信機器および設備は,安全な場所に設置すること.
> 3.1.2　情報通信機器および設備の障害を低減するための予防対策を講じること.
> 3.1.3　情報通信機器および設備にかかわる障害の発見および回復に必要な対策を講じること.

条文の意味

① 「3. 社内ネットワークのセキュリティ」では,社内ネットワークのセキュリティに関する事項をまとめている.また,「3.1　機器・設備管理」は,ハ

5.3 セキュリティスタンダード《情報セキュリティ規程》

ードウェアの管理について定めている．ハードウェアには，メインフレーム，サーバー，クライアント，プリンタなどの他に，ルーター，ハブなどのネットワークにかかわる機器，LAN 設備なども含む．

② 障害を低減するための予防対策には，定期保守・点検や安全な設置場所の選択などがある．また，ハードウェアの障害は 100%回避できないので，障害が発生した場合にそれを迅速に検知するためのモニタリングソフトウェアの導入や，障害復旧のためのハードウェアベンダーとの連絡・保守体制の整備，バックアップ用機器の手配などの対策を行う必要がある．

③ 詳しくは，本章の「5.3.5　機器・設備管理規程」（p.178）を参照されたい．

❗ 運用上のポイント

機器・設備を適切に管理することは，セキュリティ確保の基本である．例えば，どこに，どのような機器・設備が，何台あるのかがわからなければ，ネットワークへの不正接続を発見できない．セキュリティ担当者は，常に最新のネットワーク構成を把握しておく必要がある．

3.2　変更管理
3.2.1　ソフトウェア，ハードウェア，通信ネットワークの変更は，権限者の承認を得て，所定の手続に従って行うこと．
3.2.2　権限のないものによるソフトウェア，ハードウェア，通信ネットワークの変更を防止するための対策を講じること．

条文の意味

① ソフトウェア，ハードウェア，通信ネットワークの変更によって障害が発生し，システムが停止することは多々ある．システム部門では，これらの変更ミスによる障害の発生を低減するために，変更に関する手続を定めていることが多い．この規程では，このような手続に従って変更を行うことを求めている．

第5章 セキュリティポリシーのモデル

② 権限のないものによるアクセスを防止する手段として，ソフトウェアが有するアクセスコントロール機能を活用したり，専用のアクセスコントロール・ソフトウェアを導入したりする方法がある．
③ 権限者とは，システム管理者，ネットワーク管理者といったソフトウェア，通信ネットワークなどの管理責任者のことをいう．

運用上のポイント

❶ 情報技術の大衆化にともなって，いわゆるパワーユーザーが出現している．パワーユーザーは，情報技術のレベルが高いユーザーであり，システム管理者の承認を得ずに独自にシステムやネットワークの構成や設定を変更したり，ソフトウェアをインストールしたりすることがある．このような行為は，システム障害の原因になるおそれがあるので，注意する必要がある．
❷ システム変更のミスによってセキュリティホールが発生することが多いので，変更手続を定めてミスが発生しないようにする必要がある（次に掲げる事例参照）．

システム変更時のミス

　自動車会社のホームページで，新車の資料を請求した顧客の住所，氏名，年齢，職業などの個人データが漏洩した可能性があることがわかった．原因は，ホームページのシステムを変更する際，実際の個人データでテストし，そのファイルを消し忘れたためと考えられている．

3.3 接続管理
3.3.1 社内ネットワークへの接続は，あらかじめ定められた手続に従って行うこと．
3.3.2 承認を受けてない機器を社内ネットワークに接続しないこと．

条文の意味

社内ネットワークの整備にともなって，利用者が社内ネットワークに機器を

5.3 セキュリティスタンダード《情報セキュリティ規程》

接続することが簡単にできるようになった．許可されない機器を社内ネットワークに接続することは，システム障害の原因となったり，社内ネットワークのサーバー上のデータなどを当該機器に不正にコピーしたりできるので，制限する必要がある．

⚠ 運用上のポイント

❶ 個人所有の情報機器（パソコンや電子手帳など）を携帯する従業員が増えている．私有パソコンなどの扱いは，システム環境や企業風土などによって異なるので，持込の禁止，使用の禁止，接続の禁止など，自社にあった運用を考える必要がある．詳細については，本章の「5.3.6　社内ネットワーク管理規程」(p. 188) を参照されたい．

❷ クライアントパソコンへの MO ディスク装置，外付型ハードディスク装置などを接続することについても，許可制にするなど自社にあった取扱いを定める必要がある．

3.4　アクセス管理
3.4.1　情報，ソフトウェア，ハードウェア，ネットワークに対するアクセス管理を行い，権限のないものによるアクセスを防止すること．
3.4.2　アクセス権限の付与は，業務上の必要性にもとづいて行うこと．
3.4.3　パスワードなどのアクセスに必要な情報または機器などは，第三者に漏洩・流出しないよう，適切に管理すること．

▢ 条文の意味

① アクセス管理には，データベースやソフトウェアに関するものだけではなく，ハードウェア，ネットワーク設備などに対する物理的なアクセスも含む（図 5.9 参照）．
② アクセス権限者の認証には，ユーザー ID とパスワード，IC カードなどが用いられる．ユーザー ID とパスワードは，情報システムや情報（データベース）にアクセスする場合に必要である．

第 5 章　セキュリティポリシーのモデル

図 5.9 ● アクセス管理（サーバーの場合）

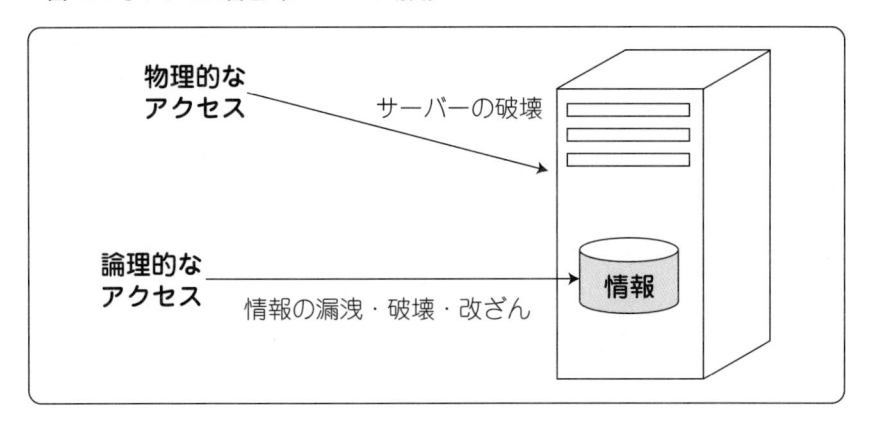

物理的なアクセス　→　サーバーの破壊

論理的なアクセス　情報の漏洩・破壊・改ざん　→　情報

③　アクセス権は，業務上の必要性を考慮して付与する必要がある（"need to know" の原則）．例えば，顧客情報を扱う権限は，営業部門の所属員に対して付与し，経理部門や人事部門などの間接部門の所属員には付与する必要はない．また，ネットワーク機器やサーバーの設置場所には，機器の保守管理を行う者以外の者が，近づけないようにしておく必要がある．なお，アクセス権は，情報の機密度をランク分け（極秘，秘，社内秘など）して，付与する方法が一般的である．

④　パスワードが第三者に漏洩すると，権限がない情報でもアクセスできるので，機密性が確保できなくなる．また，データベースが故意に消去され，情報システムの可用性やインテグリティに大きな損失が生じるおそれがある．したがって，パスワード管理は，システム管理者権限のようにアクセス権限の大きなパスワードになればなるほど，セキュリティ確保のうえでその重要性も高くなる．

運用上のポイント

アクセス権限は，資格や職位に対して与えるのではなく，業務上の必要性に対して与える必要がある．例えば，システム管理者の権限は，役員や部長とい

5.3 セキュリティスタンダード《情報セキュリティ規程》

う理由で付与するのではなく,システム管理者という職務を行う人に対して付与することが重要である.

> 3.5 媒体の管理
> 3.5.1 情報を記録した電磁媒体,帳票,その他情報にかかわる媒体の紛失,盗難,破壊,改ざんなどが生じないように適切に管理すること.
> 3.5.2 媒体の廃棄は,媒体に保存されたすべての情報を消去,消磁,破砕,その他これらに準ずる方法で,情報が第三者に漏洩しないように行うこと.

条文の意味

サーバーやクライアント自体の保護に加えて,情報を保存したMOディスク,CD-R,フロッピーディスクなどの保存媒体の管理は,機密を保護するうえで大切である.これらの媒体は,簡単に複製し外部に持ち出すことができるからである.

運用上のポイント

情報が外部に漏洩する大きな原因の1つに,紙や電磁媒体の廃棄処理が不適切なことが挙げられる.アウトプット帳票は,溶解,裁断などによって,情報が外部に漏洩しないようにする必要がある.また,フロッピーディスク,MOディスク,CD-R,外部接続型のハードディスク装置などに保存された情報を消磁するなど,機密保護の手続が必要である.なお,アウトプット帳票や画面のハードコピーの管理も重要である.個人情報を出力した帳票が外部に流出して問題になった事例も少なくない.

> 3.6 電子メールの扱い
> 社内での電子メールの利用は,別に定める規程を遵守して行うこと.

条文の意味

インターネットの普及にともなって,電子メールの利用も一般化している.

第5章　セキュリティポリシーのモデル

電子メールにはファイルを簡単に添付できるので，電子メールを利用されて簡単に機密情報が漏洩するおそれがある．電子メールには，さまざまなリスクがあるので，別の規程としている．本書では，紙面の制約から電子メールの利用に関する規程は提案していないが，運用上のポイントを参考にして作成していただきたい．

運用上のポイント

❶　チェーンメールや不用意な同報メールによって，電子メールシステムのサービスに支障が生じることがあるので，電子メールの利用ルールを定め，これを利用者に遵守させる必要がある．

❷　電子メールの普及によって，コンピューターウイルスの被害も拡大している．表計算ソフトやワープロソフトのマクロ機能を利用したウイルス（マクロウイルス）の出現によって，電子メールに添付されたファイルがウイルスに感染していることに気づかず，不用意にファイルを開いたことから社内にウイルスが拡大することがある．

❸　電子メールは，会社の代表者の発言として受け取られることがあるので，電子メールの発信に際しては，細心の注意が必要である．

❹　会社から付与されたメールアドレスを私的に利用し，会社宛てに苦情が来て問題になるケースもある．

3.7　ウイルス対策
3.7.1　ウイルスによるシステム障害を防止するために，ウイルスチェックを行うこと．
3.7.2　ウイルス感染を発見した場合には，速やかにセキュリティ担当者に報告するとともに，セキュリティ担当者の指示に従って必要な対応を行うこと．

▎条文の意味

①　ウイルスによってサーバーやクライアントなどに保存された情報が破壊されることがあるので，ウイルスチェックは必須である．

5.3 セキュリティスタンダード《情報セキュリティ規程》

② ウイルス感染を完全に防ぐことはできないので，感染時の対応策を忘れてはならない．特にウイルスに感染した場合には，ウイルス被害の拡大を防止することが重要である．連絡体制を整備し，利用者にウイルス感染時の連絡先を周知する必要がある．

❗ 運用上のポイント

❶ ウイルスチェックには，アンチウイルスソフトを利用するのが一般的である．新種のウイルスが発生するので，常に最新のアンチウイルスソフトを利用する必要がある．

❷ ウイルス対策を実効性のあるものにするためには，利用者全員の意識向上がポイントである．情報セキュリティ教育や情報リテラシー教育のなかで，ウイルスのおそろしさを認識させ，ウイルスチェックを必ず行わなければならないと意識させることが大切である．

❸ 具体的なウイルス対策を検討する場合には，通商産業省『コンピューターウイルス対策基準』などを利用するとよい．なお，ウイルス感染時の報告機関として，IPA（情報処理振興事業協会，http://www.ipa.go.jp）が指定されている．IPA のホームページからウイルスに関する情報を入手することができるので，これを利用するとよい．

---

4. 外部ネットワークとの接続領域のセキュリティ
4.1　接続管理
4.1.1　社外ネットワークへの接続は，あらかじめ定めた手続に従って行うこと．
4.1.2　承認を受けない機器を社外ネットワークに接続しないこと．

▎条文の意味

① 「4. 外部ネットワークとの接続領域のセキュリティ」では，外部ネットワークと接続する部分のセキュリティについてまとめている．

② ネットワークの拡大にともなって，社内のさまざまな部門から外部ネットワークに接続できるようになった．ネットワークのセキュリティを確保する

第5章 セキュリティポリシーのモデル

ためには，ネットワーク全体を俯瞰して，リスク評価を行うことが不可欠である．

③ ネットワークのセキュリティ管理者に無断で，外部ネットワークに接続することは，外部からの不正アクセスなどのリスクが増加するので，制限する必要がある．

❗ 運用上のポイント

詳しくは，本章の「5.3.7 外部ネットワーク利用規程」(p.195) を参照されたい．

4.2 変更管理
4.2.1 社外ネットワークとの接続部分にかかわるソフトウェア，ハードウェア，通信ネットワークの変更は，権限者の承認を得て行うこと．
4.2.2 権限のないものによるソフトウェア，ハードウェア，通信ネットワークの変更を防止するための対策を講じること．

■条文の意味

社内ネットワークのセキュリティ対策が万全であっても，外部からの不正アクセスにより情報システムのセキュリティが脅かされることがある．例えば，インターネットとの接続部分（ファイアウォール）の設定を不用意に変更すると，セキュリティホールが発生して，外部からの不正アクセスを許すことになってしまう．したがって，接続部分の設定を変更する場合には細心の注意が必要である．なお，変更管理は，ソフトウェアの変更だけではなく，ルーター，モデムなどの機器構成の変更も含む．

❗ 運用上のポイント

部門が独自にLANを構築して外部ネットワークと接続したり，モデムを設置したりして，外部ネットワークとの勝手な接続を行うことは，不正アクセスができる入口を設けることになるので，制限する必要がある．

5.3 セキュリティスタンダード《情報セキュリティ規程》

4.3 不正アクセスの防止
4.3.1 社外ネットワークへの接続に際しては,外部からの不正アクセスが行われないように対策を講じるとともに,対策の実施状況を定期的に点検すること.
4.3.2 外部からの不正アクセスを監視し,不正アクセスの早期発見に努めること.
4.3.3 不正アクセスを発見した場合には,速やかにセキュリティ担当者に連絡すること.

条文の意味

① 外部からの不正アクセスを防止する機構には,代表的なものとしてファイアウォールがある.インターネットに接続する場合には,ファイアウォールを構築して外部からの不正侵入を防止しなければならない.
② ファイアウォールには,不正アクセスをモニタリングする機能を付加できるので,このような機能を利用して,不正アクセスを早期発見する体制を整備しておくと,有効なセキュリティ対策になる.

運用上のポイント

❶ ファイアウォールの構築に際しては,セキュリティホールが発生しないようにコンピュータ緊急対応センター(JPCERT/CC)のホームページ(p.111参照)などを参考にするとよい.また,導入時の初期設定を必ず変更しておくことも必要である.これを忘れてネットワークに不正侵入された事例も多い.

❷ 不正アクセス対策の実施に際しては,通商産業省の『不正アクセス対策基準』(http://www.miti.go.jp/past/c60806a2.html)などを参照するとよい.

❸ モニタリング機能があっても,それをチェックしなければ意味がない.チェック担当者を任命して,問題が発生した場合の連絡体制も確立しなければならない.

❹ 不正アクセスについては,『不正アクセス行為の禁止に関する法律』(2000年2月13日施行,http://www.npa.go.jp/police_j.htm)によって処

第5章 セキュリティポリシーのモデル

罰の対象となる.

> 4.4 社外からの電子メールの扱い
> 社外から送信された電子メールは,別に定める規程を遵守して取り扱うこと.

条文の意味

「3.6 電子メールの扱い」(p.119) を参照されたい.

> 4.5 外部からのウイルス侵入防止
> 4.5.1 外部からネットワークまたは電磁媒体によって受領したファイル,プログラムなどは,ウイルスによるシステム障害を防止するために,使用前にウイルスチェックを行うこと.
> 4.5.2 ウイルスの感染を発見した場合には,速やかにセキュリティ担当者に報告するとともに,セキュリティ担当者の指示に従って必要な対応を行うこと.

条文の意味

「3.7 ウイルス対策」(p.120) を参照されたい.

> 5. 外部ネットワークにかかわるセキュリティ
> 5.1 情報の発信
> 5.1.1 インターネットなどを通じて行う外部への情報発信に関する手続を定め,外部に対して発信する情報の信頼性,正確性,適時性,適切性などの確保を図るとともに,外部発信する必要のない情報の漏洩防止に努めなければならない.
> 5.1.2 第三者が著作権を有する文章,画像,音声などを利用して情報発信を行う場合には,著作権を侵害しないようにしなければならない.

条文の意味

① 「5. 外部ネットワークにかかわるセキュリティ」では,外部ネットワークの利用に関するセキュリティの取扱いをまとめている.
② 企業では,インターネットを利用して顧客や取引先に対してさまざまな情

5.3 セキュリティスタンダード《情報セキュリティ規程》

報を発信することが一般的になった．外部への情報発信では，その内容の正確性や適切性が重要である．例えば，商品情報や決算情報などに誤りがあると，顧客，取引先，投資家に多大な迷惑をかけることになる．

③ 第三者の著作物や映像について，使用許諾を受けずにウェブサーバー上で公開すると，著作権を侵害することがある．ある小説の一部を無断で企業PRに使用したことから，著作権侵害で訴えられた企業もあるので，注意が必要である（p.5参照）．

運用上のポイント

❶ この条項の運用では，コンテンツの作成や利用，著作権などの具体的な取扱いを定め，取扱者を教育する必要がある．情報セキュリティ教育や情報リテラシー教育のカリキュラムのなかに，著作権に関する注意事項も含めておくとよい．

❷ 情報発信では，ウェブサーバーに情報をアップロードする際に，そのタイミングを間違えるおそれがある．例えば，商品の値下げ情報を予定より早く開示してしまうと，企業収益に影響を及ぼすことになる．

5.2 情報の収集・利用
5.2.1 インターネットなどを通じて外部からの情報収集に関する手続を定め，第三者の知的財産権などの権利を侵害しないようにすること．
5.2.2 業務上必要がない情報は，収集および利用しないこと．
5.2.3 データおよびソフトウェアなどのダウンロードに関する手続を定め，情報システムのセキュリティを確保すること．

条文の意味

① インターネットを通じて情報やソフトウェアを収集する場合には，第三者の著作権などの知的財産権を侵害しないように注意しなければならない．例えば，第三者が書いた文章などを自社のホームページに転載する場合には，事前に許諾を受けておく必要がある．

第5章　セキュリティポリシーのモデル

② 業務と関係のないホームページをアクセスすることは好ましくない．会社がこれを認める場合には問題はないが，私的なインターネットの利用によって，インターネットへのアクセスのレスポンスが悪くなり，業務に支障が生じることがある．

運用上のポイント

❶ 企業のパソコンからインターネットにアクセスすると，当該企業の IP アドレスからアクセスしたことが判明して，思わぬトラブルが発生するおそれがある．例えば，ショッピングモールでショッピングを行ったが，代金支払でトラブルになり，会社に苦情をもち込まれるケースが考えられる．

❷ 会社のパソコンからのインターネットへのアクセスは，業務上の必要性を考慮して行うことが必要である．例えば，商品開発に従事する従業員は，競争企業の戦略を調査・分析するために，他社が参加しているショピングモールにアクセスする必要性があるが，一般社員がショッピングモールにアクセスすることは，業務上必要がないので制限するとよい．

❸ インターネットからのシェアウェアを入手して業務に利用する場合には，業務で引き続き利用できるのか，テスト利用は無料だが本格的な利用には別料金が必要になるのかを確かめる必要がある．

5.3　ネットビジネス
5.3.1　ネットワークを利用したビジネス活動を行う場合には，当該ビジネス活動を取り巻くリスクを評価し，必要なセキュリティ対策を講じること．
5.3.2　ネットワークを利用したビジネス活動を行う場合には，事前に定められた手続に従って承認を得ること．
5.3.3　ネットビジネスにおいては，個人情報保護および電子取引の記録保存に関する法令やガイドラインなどを遵守すること．

条文の意味

詳しくは，本章の「5.3.2　ネットビジネス管理規程」(p.129) を参照され

5.3 セキュリティスタンダード《情報セキュリティ規程》

たい．

> **5.4 社外ネットワークへの配慮**
> 当社の情報システムに起因して社外ネットワークに悪影響を及ぼさないように，情報システムの企画・開発・運用を適切に行うこと．

条文の意味

① 第三者のサイトを利用して不正アクセスを行うハッカーが多い．ハッカーに自社のサイトが悪用されないようにセキュリティ対策を講じることは，ネットワークに参加する企業の社会的な責任である．

② 自社の情報システムの障害によって，他社のネットワークに被害を与えることがないように，適切なセキュリティ対策を講じる必要がある．

❗ 運用上のポイント

❶ セキュリティホールの発生によって，自社のウェブサイトが踏み台にされて悪用されないように注意しなければならない．そのために，ペネトレーションテスト（不正侵入テスト）を定期的に行うとよい．この場合には，ファイアウォールを構築・運用している外部委託先とは異なる企業に委託することが望ましい．

❷ ペネトレーションテストを委託する場合には，委託先に自社のネットワーク構成などの情報が開示がされるので，守秘義務などを明確にした契約を締結する必要がある．

> 附　則
> 1．この規程は，　年　月　日より実施する．
> 2．この規程の改廃は，○○の承認を得て行う．

第5章 セキュリティポリシーのモデル

■条文の意味

　附則は，通常このような規程に盛り込まれるものであり，規程の施行日，規程を変更する際の手続を定めている．

5.3 セキュリティスタンダード《ネットビジネス管理規程》

5.3.2　ネットビジネス管理規程

　ネットビジネスには，目に見えないリスクが存在するので，これを踏まえたセキュリティの取扱いを定める必要がある．ネットビジネスの見えないリスクには例えば，代金が回収できないなどの顧客にかかわるリスク，ハッカーなどによる不正アクセス，受注や発注データが相手から届かない，または相手に届かないなどの取引の成立にかかわるリスクなどがある．この規程では，これらの見えないリスクを低減し，ネットビジネスを不安のない状態におくための基準を定めている．

　なお，ネットビジネスの業務内容によってビジネスリスクの大きさが異なるので，業務内容を踏まえた基準を策定するとよい．例えば，受発注から代金決済まで行う場合には，取引成立を確実なものにするための事項や，データの改ざんなどを防止するための事項などを盛り込む必要がある．

1. 目　的
　この規程は，ネットビジネスを適切に行うために遵守すべき事項を定めることを目的とする．

条文の意味

ネットビジネスでは，インターネットに特有のリスクがある．この規程は，ネットビジネスでのリスクを低減するための基準を定めている．

❗ 運用上のポイント

❶　ネットビジネスだけを行う企業では，この規程だけを策定すればよいようにしているが，ビジネスの内容に応じて規程の内容を修正して利用されたい．また，必要に応じて，他の規程と組み合わせて利用してもよい．

❷　今後，新しいビジネスモデルが導入される可能性が大きいので，社内外の状況変化に対応して内容の見直しをされたい．

第5章 セキュリティポリシーのモデル

> **2. 定　義**
> この規程で使用する用語は，次のとおり定義する．
> （1）ネットビジネス　インターネットなどのネットワークを利用した顧客や取引先などとの取引およびこれに関連する情報の発信，収集活動，その他をいう．
> （2）顧客　当社がネットワーク通じて商品の販売，サービスや情報の提供を行う場合の相手を顧客という．顧客には，法人顧客の他に，個人顧客などすべての顧客を含む．
> （3）取引先　当社がネットワークを通じて商品，サービス，情報などを調達する場合の相手をいう．

条文の意味

　この規程で使用する用語について定義している．ネットビジネスについては，用語の解釈に差異が生じることがあるからである．この規程では，ネットビジネスを広義に解釈し，「インターネットなどのネットワークを利用したビジネス」と定めている．したがって，VAN（Value Added Network）などを利用したものもこの規程の対象としている．企業によっては，インターネットに限定した規程としてもよい．

> **3. 適用範囲**
> この規程は，ネットビジネスにかかわる情報システムの企画，開発，運用および利用に適用する．

条文の意味

　ネットビジネスを行うためには，ネットビジネスに用いるソフトウェアを企画・開発し，開発したソフトウェアを運用することが必要になる．さらに，ネットワーク構築などのインフラが必要になる．ネットビジネス・システムでは，ハッカーによる不正アクセスを防止し，顧客情報を適切に保護する仕組みを組み込むなどのセキュリティ対策が必要になる．安心できるネットビジネス・システムを確立するためには，システムの企画・開発だけではなく，運用まで含めたセキュリティを確保しなければならない．

5.3 セキュリティスタンダード《ネットビジネス管理規程》

4. ネットビジネスの責任者
4.1　ネットビジネスに関する責任者は，ネットビジネスを主管する部門長とする．
4.2　ネットビジネスにかかわる情報通信基盤の構築，アプリケーションシステムの企画，開発，運用に関する責任者は，情報システム部門とする．

|条文の意味|

　ネットビジネス全体の管理責任は，営業部門などのネットビジネスを主管する部門にある．情報システム部門は，ネットビジネス・システムの企画，開発，運用に関する責任をもつ（図 5.10 参照）．

❗ 運用上のポイント

❶　責任者の任命では，「ネットビジネスだからすべて情報システム部門に責任がある」と安易に考えてはならない．インターネットという情報技術を利用しているから情報システム部門長が責任者と考えるのは望ましくない．ネ

図 5.10 ● ネットビジネスの責任部門

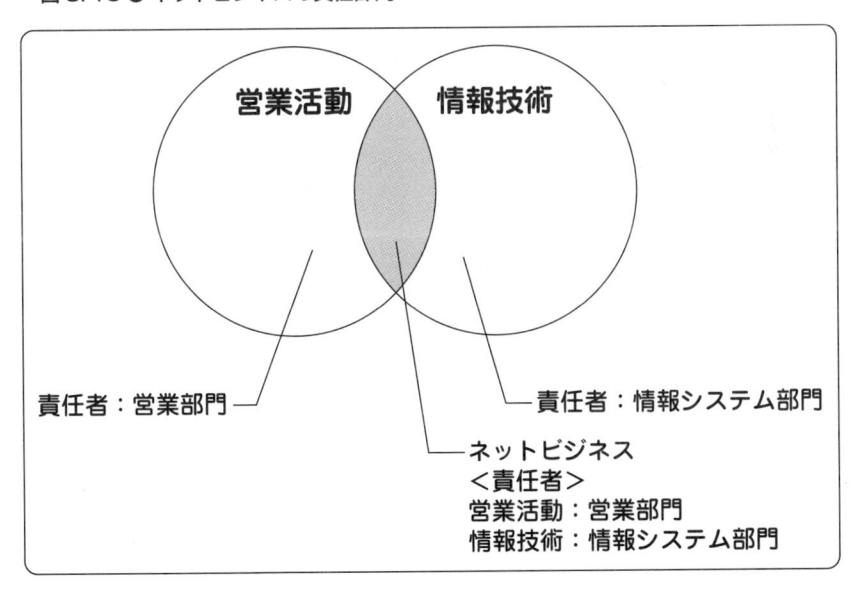

営業活動　　情報技術

責任者：営業部門
責任者：情報システム部門
ネットビジネス
＜責任者＞
営業活動：営業部門
情報技術：情報システム部門

第5章　セキュリティポリシーのモデル

ットビジネスの主管部門を明確にしたうえで責任者を任命することが大切である．

❷　セキュリティを確保するためには，まず責任者を明確にしなければならない．責任者のいない部分が生じないよう注意する必要がある．

❸　営業部門などに対して，各部門に責任のあることを明らかにするために，明文化することはもちろん，周知徹底させるための教育も大切である．

5. ネットビジネス・システムの企画および開発
5.1　ネットビジネス・システムの企画および開発に際しては，ネットワークの脆弱性を配慮して，システム障害の予防・低減，知的財産権の侵害防止，不正アクセス防止のための機能を組み込むこと．
5.2　顧客および取引先などの利用者の利便性・操作性を考慮したシステムやコンテンツを開発すること．

▎条文の意味

①　ネットビジネス・システムでは，誰でも簡単に利用できるインターネットを利用することが多いが，その反面，ホームページからハッキングツールを入手して簡単に不正アクセスを行うことができるといった"弱さ"がある．システムの企画段階からネットビジネスのリスクを考えてネットビジネス・システムを構築しなければならない．

②　ネットビジネスのリスクには，不正アクセス，システムトラブルなどの情報技術に関するリスクの他に，ネット上で商品の宣伝などを行うときに著作権や特許権などの知的財産権を侵害してしまうリスクがある．

❗ **運用上のポイント**

インターネットを利用して商品の注文などを行うのは顧客である．ネット企業にとっては機能がよくても，顧客が操作しづらいシステムではネットビジネスは成功しない．したがって，顧客が操作しやすいシステムをつくることが重要である．なお，ビジネスモデル特許についても，注意しなければならない．

5.3 セキュリティスタンダード《ネットビジネス管理規程》

6. ネットビジネスの運用
6.1 ネットビジネスの運用においては，システムの可用性，インテグリティ，機密性の維持向上を図り，顧客および取引先の利用に際して支障が起こらないように，システムおよびネットワークの運用状況をモニタリングすること．
6.2 問題が発生した場合には，必要な対処が速やかにできるよう，体制を整備しておくこと．

条文の意味

① ネットビジネスは，インターネットを利用しているので，24時間365日ビジネス活動を行える．したがって，ネットビジネス・システムを安定稼動させ，いつでも顧客が利用できる態勢にしておかなければ，競争相手に勝つことができない．例えば，ある航空会社のネットビジネス・システムが停止すると，顧客は航空券を他の航空会社のネットビジネス・システムから購入してしまい，ビジネスチャンスを失うことになる．

② セキュリティ対策には，予防，発見，回復（復旧）があり，これらの対策のバランスを考える必要がある．問題発生の未然防止，問題が発生した場合の発見，問題を解決する回復の3つの対策に「漏れ」がないようにすることが重要である．

⚠ 運用上のポイント

ネットビジネス・システムの稼動状況を常にモニタリングして，問題の発生に備える必要がある．自動的に問題を発見できるような機能をシステムに組み込むとよい．また，夜間や休日でも迅速で的確な対処ができるような体制整備も不可欠である．なぜなら，夜間や休日にシステムに不正侵入されても，気づくのが翌朝や数日後では，ホームページが書換えられても野放しになってしまうからである．

第5章 セキュリティポリシーのモデル

7. セキュリティ製品の評価
7.1 ネットビジネスのセキュリティ対策で利用するセキュリティ関連製品は，ISOなどの評価基準を参考にして，当該製品のセキュリティ機能を検討・評価したうえで導入すること．
7.2 セキュリティ製品は，最新のセキュリティ技術も含めてその機能を評価すること．

条文の意味

① ネットビジネス・システムで使用するセキュリティ製品は，信頼できるものでなければならない．セキュリティ製品の客観的な評価基準には，ISO 15408（第2章「2.1 セキュリティポリシーの体系」を参照）がある．セキュリティ対策に用いるセキュリティ製品を選択する場合には，この基準を利用するとよい．

② 情報技術の進歩は激しく，次々と新しいリスクが現れるので，セキュリティ製品のバージョンアップも激しい．最新の技術を利用してセキュリティ対策を講じることが大切である．

運用上のポイント

古いバージョンのソフトをそのまま利用していると，不正アクセスの原因になるので注意する必要がある．例えば，ウェブサーバーのセキュリティホールに修正パッチを当てずに使用し続けると，ハッカーがその弱点をついて侵入してくることがある．

8. 顧客情報の保護
8.1 ネットビジネスを通じて収集する顧客および取引先にかかわる情報は，当該情報の漏洩，破壊，改ざんなどが生じないように適正に管理すること．
8.2 顧客情報の正確性の確保に努め，誤った情報による顧客への被害が生じないように必要な対策を講じること．

5.3 セキュリティスタンダード《ネットビジネス管理規程》

条文の意味

① ネットビジネスでは，"B to C（Business to Consumer）"タイプの消費者を対象とした取引が行われる．消費者（ネット顧客）が安心して取引できるようにするためには，個人情報の保護が不可欠である．ネット顧客は，消費者だけではなく，企業のこともある．したがって，個人または企業にかかわらず顧客や取引先の情報を適切に保護する必要がある．

② 顧客情報が不正確なために，顧客に迷惑をかけることがある．例えば，インターネットで入力した氏名，住所などの情報について，システムのバグが原因で正しく処理されず，納品が遅れて顧客に迷惑をかけるおそれがある．したがって，顧客情報の正確性を確保することが重要である．

❗ 運用上のポイント

❶ 顧客情報を保護するためには，アクセスコントロールを適切に行うことが基本である．ファイアウォールによる不正アクセスの防止，ネットワークOSの機能などを利用したアクセスコントロールなどを行うとよい．

❷ 顧客情報の正確性を確保するために，入力データのシステムによるチェック，担当者や管理者によるチェックなどを行う必要がある．複数の異なる手段によるチェックが効果的である．

---

9. 顧客情報管理規定の遵守
顧客情報は，別に定める顧客情報管理規定を遵守して取り扱うこと．

顧客情報の漏洩事件
テレビ局のホームページに掲載された懸賞付きゲームへの応募者の個人情報が漏れて，別のホームページで公開された事件がある．また，ネット証券で電子メールを使った情報配信サービスを受けるために登録したメールアドレス約1,400人分が，単純な操作ミスにより登録者全員に誤って配信された事件もある．

第5章　セキュリティポリシーのモデル

> 条文の意味

① ネットビジネスはインターネットを通じて行うので，顧客情報がビジネスを進めるうえで重要な情報になる．メールアドレス，氏名，住所，電話番号などの顧客情報を利用して，販売，納品，問合せ対応などのさまざまな活動が行われる．

② 顧客情報保護については，個人情報の収集，利用，提供，保管などの視点から，遵守すべき事項が多数ある．そこで本書では，独立した規程としている．詳しくは，本章の「5.3.4　顧客情報管理規程」(p.159)を参照されたい．

---

10. 入力処理での留意事項

10.1 顧客が行う当社の商品やサービスに関する照会，購入，問い合わせなどの入力に際しては，システム障害によるサービスの低下や停止が生じないように対策を講じること．

10.2 顧客や取引先など利用者の利便性，操作性に配慮すること．

10.3 顧客情報の取扱いに関する情報を提供し，当社の顧客情報保護に対する方針を明確にすること．

> 条文の意味

顧客が企業のネットビジネスを利用したいときに，いつでもウェブサイトにアクセスできるようにしておくこと．システム停止やレスポンスの悪化などによって，顧客がサービスを利用できないような事態は避けなければならない．なぜなら，ネットビジネスは24時間365日休みなしでサービスを提供できることがメリットであり，サービスが停止することは，ネットビジネスを失敗させることになるからである．顧客情報の保護については，本章の「5.3.4　顧客情報管理規程」(p.159)を参照されたい．

❗ 運用上のポイント

ネットビジネスでは，顧客自らが注文などの情報を入力するので，顧客や取

5.3 セキュリティスタンダード《ネットビジネス管理規程》

引先などの利用者が，便利で使い勝手のよいシステムにすることが重要である．具体的にはホームページの見やすさ，わかりやすさや，クリックが簡単でクリックしたくなるようなシステムづくりがポイントになる．

> **11. 情報発信の正確性および信頼性確保**
> 顧客および取引先に提供する情報の正確性および信頼性の確保に努め，顧客および取引先から信頼されるネットビジネスを行うこと．

条文の意味

ここでは，顧客に対して提供する情報の正確性の確保について定めている．ネットビジネスでは，商品の内容，価格などの情報がホームページを通じて情報発信される．万一，商品の写真や価格に誤りがあると，顧客に多大な迷惑をかけたり，企業の信用を失うことになる．

⚠ 運用上のポイント

顧客に発信する情報は，企業の入力ミス（ホームページへのアップロードのミスを含む）によって起こるだけではない．もし，ハッカーによって企業のホームページ上の商品価格が改ざんされてしまうと，ビジネス活動が混乱してしまう．ネットビジネスを行う場合には，このような事態に陥らないように，細心の注意が必要である．

不正アクセス多発事件

わが国の中央官庁のホームページに対する不正アクセスが，2000年2月に多発し，ホームページが改ざんされたりウェブサイトが攻撃された．

第5章 セキュリティポリシーのモデル

> **12. 取引記録の保存**
> 12.1 顧客および取引先から受信した取引にかかわる記録は，取引事実の重要な証拠となるので，適正に保存しておくこと．
> 12.2 当社から顧客および取引先に送信した取引にかかわる記録は，取引事実の重要な証拠となるので，適正に保存すること．
> 12.3 ネット取引にかかわる記録は，電子帳簿保存法などに定める規定を遵守して保存すること．

■条文の意味

ネット取引は，対面販売や紙の書類による取引と異なり，事実関係を証明することが難しい．なぜなら，注文書，納品書，請求書などがデジタル化され，目に見えないからである．したがって，デジタルデータを保存しておくことは不可欠である．

運用上のポイント

❶ 電子商取引の記録は，電子帳簿保存法（1998年施行）によって，その保存が義務づけられた（同法第10条）．したがって，ネットビジネスでの取引記録は，税務上保存が義務づけられていることに注意する必要がある．

❷ 顧客や取引先からの問合せ，クレームなどがあった場合に備えて，受付担当者名，受付日時，受付番号などの情報も保存し，問題が発生したときに速やかに調査できる仕組みを講じておくとよい．

> **13. 障害対策**
> システムおよびネットワークの障害に備えて，保守，モニタリング，バックアップ，復旧対策などのセキュリティ対策を講じること．

■条文の意味

ネットビジネスでは，システムやネットワークの障害がビジネス活動に大きな損失を及ぼすことになる．ここでは，障害対策に必要なものを例示している．

5.3 セキュリティスタンダード《ネットビジネス管理規程》

モニタリングは，システムやネットワーク障害をいち早く発見するためのものであり，バックアップは，障害発生によりデータやコンテンツが破壊された場合に備えるものである．回復対策には，障害をいち早く復旧するための連絡や保守体制を整備し，日ごろから訓練しておくことなどがある．

❗ 運用上のポイント

障害発生時の連絡体制も重要である．障害の程度に応じて，報告先を課長，部長，役員というように整理しておくとよい．

---

14. 取引のチェック
14.1 顧客，取引先，取引件数，取引額などを定期的に調査し，不適正な取引の発見に努めること．
14.2 初めての顧客，取引先については，取引額に制約を設けるなど，取引上のリスクを低減するための対応を行うこと．

条文の意味

ネットビジネスでは，不特定多数の顧客と瞬時に取引が行われる．顧客や取引先が詐欺などを企てた場合に備えて，取引を常時モニタリングし，不正な取引を発見するような仕組みを組み込まなければ，安心してネット取引を行うことができない．

❗ 運用上のポイント

初めての顧客や取引先に対しては，より慎重にネット取引を行う必要がある．具体的には，取引額に1注文あたり最高10万円，月額で最高100万円という具合に限度額を設定し，万一，雲隠れや貸倒れが発生した場合に損害の拡大を防ぐ工夫が必要である．なお，異常取引の発見は，システムで自動的に行えば効率的かつ効果的である．

第 5 章　セキュリティポリシーのモデル

15．パスワード管理
　ネットビジネスに際して，取引先および顧客に付与するユーザー ID およびパスワードなどが，取引先および顧客において適切に管理されるよう，利用者への周知を図ること．

条文の意味

　安全なネットビジネスの重要なキーワードの 1 つが，パスワードである．ネット証券などで，顧客や取引先を認証するツールとしてユーザー ID やパスワードが使用される．顧客や取引先に対するユーザー ID・パスワードの通知やネット企業内でのパスワードについて，適正に管理されなければ不正アクセスに用いられるおそれがある．

運用上のポイント

　パスワードが顧客や取引先においても適切に管理されるよう，注意を喚起させることが重要である．パスワードの漏洩によるネット取引のトラブルを未然に防止するためにも重要である．また，パスワードの変更状況を定期的にチェックして，変更されていない場合には顧客や取引先に対して，変更するように連絡する方法がある．このような方法を採る場合には，事前に顧客や取引先の了解を得ておくとよい．

16．暗 号 化
　取引先および顧客と当社間のデータ送受信においては，送受信の途中で当該データの内容が第三者に漏洩しないよう，暗号化などの必要なセキュリティ対策を講じること．

条文の意味

① 　ネットビジネスでは，暗号化も重要なセキュリティのキーワードである．暗号化は，データの伝送途中や保存における情報の漏洩を防止するものである．

② 暗号化を行う場合には，SSL（Security Socket Layer）などの暗号化の仕組みが使用される．暗号化で注意しなければならないことは，暗号化鍵の長さである．暗号化鍵が短いと簡単に解読されるおそれがある．

❗ 運用上のポイント

データを暗号化していることを，ホームページに表示しているウェブサイトもある．顧客の安心感を得るために，このような方法を採るとよい．また，暗号化を行っていても，暗号鍵の管理が悪いために内容を読まれてしまうことがある．

17. 不正アクセス対策および運用状況の点検
17.1 外部からの不正アクセスが行われないように，不正アクセス防止策を講じるとともに，当該対策が適切に運用されるように点検を行うこと．
17.2 必要に応じて，第三者によるペネトレーションテストを実施し，不正アクセス対策および運用状況の適切性を客観的に点検・評価すること．

条文の意味

正しく設定されたファイアウォールなどの適切な対策を講じていれば，不正侵入の大半を防止できるが，現実にはセキュリティ上の欠陥をついた不正侵入が多い．セキュリティ上の欠陥はベンダーにより随時修正されるので，修正のための「パッチあて」を漏れなく，速やかに行うことが重要である．

❗ 運用上のポイント

❶ ファイアウォールはシステムやネットワーク構成の変更により設定が変更され，セキュリティホール（セキュリティ上の欠陥）が生じることが多い．このようなセキュリティホールを未然に発見し，必要な対応を行うためにペネトレーション（侵入）テストを定期的に行うとよい．

❷ インターネットには，メール，ftp などのサービスがあるが．必要のないサービスは，不正アクセスを防止するために使用しないような設定をするこ

第5章 セキュリティポリシーのモデル

とが大切である．

> **システム変更時のミス**
> ある会社のホームページに登録された住所，電話番号，体重，身長などの個人情報が，第三者がアクセスしても内容を見ることができる状態になっていた．ユーザーIDやパスワードの一覧表も閲覧できる状態だった．原因は，コンピューター2000年問題への対応を行ったときの作業ミスと考えられている．

> **18. サイト認定の利用**
> 18.1 取引先および顧客に対して，当社のウェブサイトの安全性を表明するために，第三者が実施するウェブサイトの認定サービスなどの利用を検討すること．
> 18.2 当社がネットビジネスによって資機材，原料，商品などを調達する場合には，取引のリスクを低減するために当該ウェブサイトの認定状況を考慮すること．

条文の意味

ホームページには，安全性を認定するための，認定サービスがある．例えば，第1章「1.3 ネットビジネスの必須要件としてのセキュリティ」（p.21）で述べた米国公認会計士協会（AICPA）が行っている認定サービスや，オンラインマーク制度がそれにあたる．これらの認定を受けることは，顧客や取引先に対して安全性をアピールし，ネットビジネスに対する他社との差別化につながる．

運用上のポイント

認定は，一度受ければよいわけではない．認定を継続するためのコストと手間がかかることも忘れないこと．

5.3 セキュリティスタンダード《ネットビジネス管理規程》

19. 重要情報の保護
19.1 ネットビジネスにかかわる情報の重要度を考慮して，当該情報の重要度に応じたセキュリティ対策を講じること．
19.2 以下に定める情報は，重要情報とする．
(1) 決済にかかわる情報
(2) 個人情報（氏名・住所・クレジットカード番号など）

条文の意味

ネットビジネスでは，メールアドレス，氏名，住所，電話番号などの顧客情報，クレジットカード番号などの決済に関する情報，購入商品などの内容や金額などさまざまな情報が収集・利用・保存される．これらの重要情報は，暗号化する，ウェブサーバー上に保存しないなどの，重要度に応じた保護が必要である．

⚠ 運用上のポイント

この規程では，決済や個人にかかわる情報（氏名，住所，クレジットカード番号など）を重要情報としている．企業の実態に応じて見直すとよい．なお，情報の重要度は時間の経過とともに変化するので，時間の経過も考慮して設定する必要がある．

20. 監査証跡の確保
ネットビジネスにかかわる監査を行うために必要な監査証跡を確保すること．

条文の意味

ネットビジネスがセキュリティポリシーに従って適切に行われていることを確かめるために，システム監査が必要になる．監査証跡は，システム監査を実施するときの手がかりとなる．システム監査では，監査証跡を利用して，システム処理の正確性，効率性などが点検・評価される．不正防止や，誤りを発見するためにも，システム監査を定期的に実施するとよい．

第 5 章　セキュリティポリシーのモデル

🛈 運用上のポイント

例えば，受付番号，受付日時，顧客の IP アドレス，システム処理の実行記録，販売，配送，会計などの業務システム上のトランザクション番号などを監査証跡として利用できる．また，監査証跡は，監査のためだけにあるのではない．担当者や管理者がネット取引の内容を確かめるために使うこともできる．

> **21. 取引内容の明確化**
> 　ネットビジネスで顧客および取引先と取引を行う場合には，事前に取引内容，条件などを明示して行うこと．また，返品，解約時の取扱いについても明示し，顧客に安心感を与えるように配慮すること．

条文の意味

① 顧客が安心してネット取引を行えるように，取引内容や条件を明示する必要がある．商品の写真や映像をホームページに掲載する場合には，形，大きさ，色などがよくわかるようにする必要がある．

② 顧客は，商品が届いて初めて現物を見るので，気に入らず返品や解約したいことがある．このようなケースに備えて，返品や解約の取扱い（連絡方法，送料の負担など）について，ホームページ上に明記する必要がある．

③ 顧客が安心できれば，ネット取引の利用拡大につながる．また，ネット企業の社会的責任としても，取引内容を明確にすることが重要である．

🛈 運用上のポイント

取引内容や条件は，見やすいところにわかりやすい文章で明記し，問合せ窓口（メールアドレス，電話番号など）も表示すること．また，商品の色や形などについて実際と差がある場合には，それについてホームページに明記すれば，トラブルの発生防止にも役立つ．

5.3 セキュリティスタンダード《ネットビジネス管理規程》

22. 取引内容などの確認
ネットビジネスに際しては，顧客および取引先との受発注，決済などにかかわる取引内容，条件などを確認し，その内容を記録するような仕組みを講じること．

条文の意味

店頭販売や営業担当者による販売などと異なり，ネット取引では取引がいつ成立したのかを明確にすることが難しい．そこで，インターネットを通じて注文を受けたときに，電子メールなどにより相手に取引の成立を明確に伝える必要がある．なお，電子メールなどによる確認の際には，取引内容（注文商品，数量，納期など）の確認も忘れてはならない．このような仕組みがネット取引を安心して行えるようにするためのポイントである．

運用上のポイント

これらの記録は，顧客からの問合せ対応，トラブル対応に備えて保存する必要がある．特に，取引に関する顧客とのやりとりの記録（電子メール，電話，ファックスなど）は，必ず残すようにするとよい．

23. サーバーの保護
23.1 ネットビジネスで使用するサーバーは，外部および内部からの不正アクセスが行われないように適切な対策を講じること．
23.2 サーバー上には，必要な情報だけを保存し，重要な情報はサーバーに保存しないように配慮すること．やむを得ず保存する場合には，情報の暗号化など必要な対応を講じること．

条文の意味

ウェブサーバーは，ハッカーなど外部からの不正アクセスに備えることはもちろん，社内からの不正アクセスにも備えなければならない．また，ウェブサーバー上には，重要な情報を保存すべきではない．不正アクセスによる被害を最小限にするためにも，顧客情報などの重要情報は，ウェブサーバーに保存し

てはならない．やむを得ず保存する場合には，暗号化などリスクを低減するための対策が必要である．

❗ 運用上のポイント

サーバーへの不正アクセスは，外部から行われるだけではない．情報漏洩には，内部犯行によるものも多いので，注意が必要である．

内部犯行による情報漏洩事件

通信会社の顧客情報が社員によって興信所やダイヤル Q^2 業者に漏らされた．名前，住所，料金支払口座などの情報，約1万人分であり，見返りに謝礼を受け取っていた．

---

24. バックアップ
情報，ソフトウェア，ハードウェア，ネットワークなどのバックアップ体制を確立して，障害などが発生した場合でも，ネットビジネスを継続できるように備えておくこと．

条文の意味

セキュリティ対策は，予防，発見，回復の3つに分類できる．障害やデータの破壊・改ざんが発生したときに，回復するために必要な対策の1つがバックアップである．また，バックアップ体制の確立に際しては，ビジネス活動をスムーズに再開するためにどのようにすべきかを考えることが重要である．

❗ 運用上のポイント

バックアップ対策にはコストがかかるので，リスクの大きさ（損失額と発生可能性）とコストのバランスを考慮するとともに，予算手当てなどの措置が必要である．

5.3 セキュリティスタンダード《ネットビジネス管理規程》

> **25. リスクのモニタリング**
> 新たなリスクの発生に備えて,ネットビジネスを取巻くリスクを定期的に評価し,その結果に応じてセキュリティ対策を変更すること.

[条文の意味]

インターネット技術の進展はきわめて早く,これにともなってハッカーによる不正アクセスも次々と新手のものが現れる.これは,ネットビジネスを取巻く環境のリスクが,技術革新にともなって急速に変化することを意味する.セキュリティ対策を確実なものにするためには,常にリスクの変化を把握して,セキュリティ対策もそれに応じて強化する必要がある.

! 運用上のポイント

不正アクセスの状況,手口,セキュリティホールなどの情報は,コンピュータ緊急対応センター(JPCERT/CC)のホームページなどを参考にするとよい.また,コンサルタント会社や調査会社を利用して,情報収集に努める方法もある.

> 附 則
> 1. この規程は, 年 月 日より実施する.
> 2. この規程の改廃は,○○の承認を得て行う.

[条文の意味]

附則は,通常このような規程に盛り込まれるものであり,規程の施行日,規程を変更する際の手続を定めている.

5.3.3 電子情報管理規程

　情報システムで作成・取得（または収集），保存および利用される情報は，ネットワークを通じて多様な形態で利用される反面，デジタル化という特徴から多くのリスクもある．電子情報は，サーバー，クライアント，メインフレーム，磁気ディスク装置，モバイルコンピューター，ネットワーク，MOディスクなど多くの場所に存在する．

　情報システムのセキュリティ対策は，突き詰めて考えれば，情報（データ）を安全な状態にすることである．つまり，情報の保護を目的として，情報が蓄積されているハードウェアやネットワークを保護するのがセキュリティ対策といえる．しかし，電子情報は企業活動を効率的，効果的に行うための重要な資産であり，電子情報の保護においては，電子情報の有効活用，効率的な利用を確保することも忘れてはならない．

> **1. 目　的**
> 　この規程は，電子情報を適切に作成・取得，保存，利用および提供するための取扱いを定め，電子情報の有効活用および効率的活用を図るとともに，セキュリティを確保することを目的として定める．

　条文の意味

① この規程は，電子情報の有効性および効率性の確保を図ることと，セキュリティを確保することとのバランスを取りながら，企業活動を遂行していくための電子情報の取扱いを定めたものである．
② 電子情報は，企業が作成または取得して，企業目的達成のために利用するものである．したがって，電子情報の有効活用，効率的な利用を忘れて，電子情報のセキュリティだけを重視してはならない（図5.11参照）．情報利用の促進とセキュリティ確保のバランスが大切である．

5.3 セキュリティスタンダード《電子情報管理規程》

図5.11 ● 電子情報管理の視点

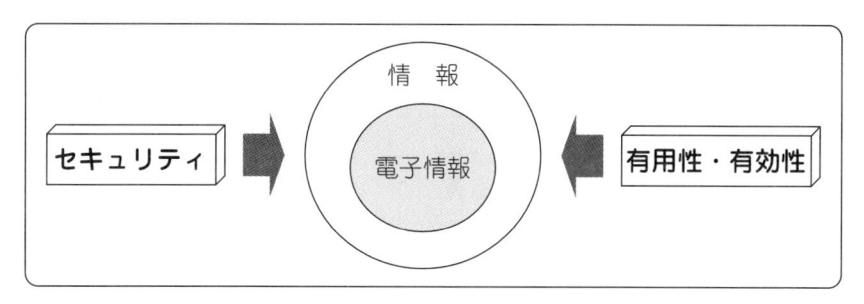

```
セキュリティ →   情　報
                （電子情報）    ← 有用性・有効性
```

2. 定　義
この規程で使用する用語は，以下のとおり定義する．
（1） 電子情報　情報システムに保存（一時的なものを含む）されている情報，ネットワークを通じて伝送される情報も含む．文字，数字，画像，音声などすべてのデジタル情報をいう．
（2） 保存媒体　電子情報を保存（出力を含む）するすべての媒体であり，媒体の種類を問わない．

|条文の意味|

電子情報の定義については人によって差があるので，ここで明確にしている．電子情報には，画像，音声などの情報も含まれることに注意する必要がある．なお，情報の保存媒体については，技術革新のスピードが速いので，ここでは具体的な種類を示していない．

3. 適用範囲
3.1　この規程は，電子情報の作成・取得，保存，利用，廃棄について適用する．
3.2　顧客情報に関する取扱いは，別に定める．
3.3　文書，資料などの電子情報以外の情報の取扱いは，別に定める．

|条文の意味|

① この規程の適用範囲を定めたものである．電子情報の保護は，情報の作成・取得→保存→利用→廃棄までの"情報のライフサイクル"を通じて行う

149

第5章 セキュリティポリシーのモデル

図5.12 ● 電子情報のライフサイクル

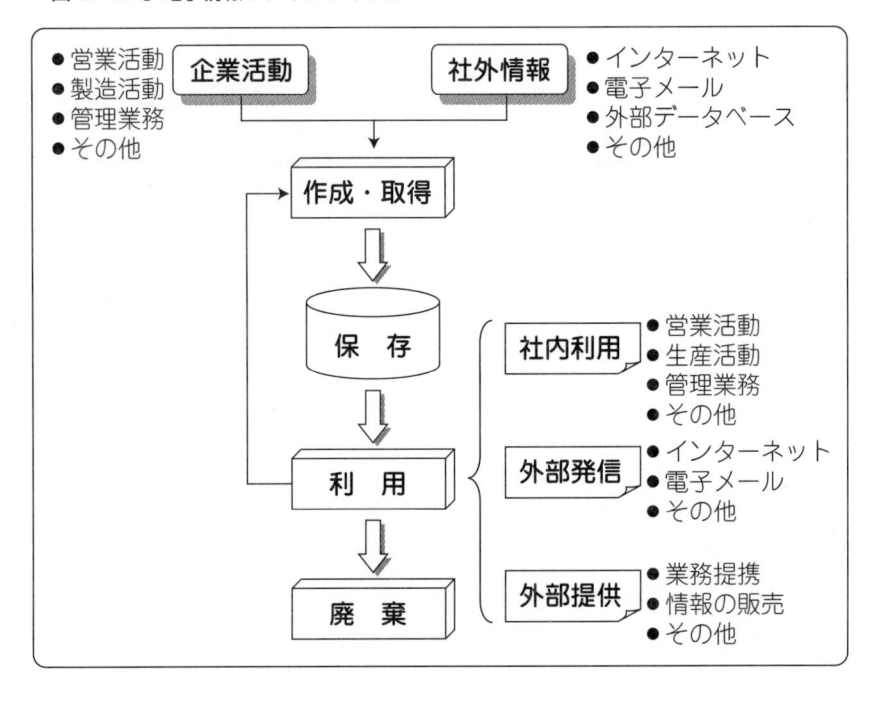

```
●営業活動  ┌企業活動┐    ┌社外情報┐  ●インターネット
●製造活動  └────┘    └────┘  ●電子メール
●管理業務     │         │     ●外部データベース
●その他       │         │     ●その他
              ↓         ↓
           ┌──────────┐
           │ 作成・取得 │
           └──────────┘
                ↓
           ┌──────┐                    ●営業活動
           │ 保 存 │         ┌社内利用┐ ●生産活動
           └──────┘         └────┘ ●管理業務
                ↓                       ●その他
           ┌──────┐         ┌────┐ ●インターネット
           │ 利 用 │         │外部発信│ ●電子メール
           └──────┘         └────┘ ●その他
                ↓                       ●業務提携
           ┌──────┐         ┌────┐ ●情報の販売
           │ 廃 棄 │         │外部提供│ ●その他
           └──────┘         └────┘
```

必要がある（図5.12参照）．"情報のライフサイクル"の一部分だけを保護していても，その他の部分のセキュリティ対策が不十分な場合がある．したがって，ライフサイクル全体を通じてセキュリティ水準を確保する必要がある．

② 顧客情報については，特有の取扱いがあるので，独立した規程としている．

③ 紙の文書・資料などの取扱いは，別の規程としている．電子情報とは異なる取扱いが必要だからである．本書では，情報セキュリティをテーマとしているので，紙の文書や資料などに関するモデル規程の提案は，省略している．

5.3 セキュリティスタンダード《電子情報管理規程》

> **!** 運用上のポイント

電子情報と紙の情報の中間的なものとして，マイクロフィルム，写真，ビデオ，COM（Computer Output Microfilm）などがある．これらの取扱いについても，漏れがないように定める必要がある．また，デジタルカメラ，デジタルビデオなどを利用すれば，映像・音声をデジタルデータとして簡単に保存できる．したがって，規程の適用範囲に漏れがないように注意しなければならない．

4. 重要度に応じた取扱い
4.1 電子情報は，その重要度に応じて取り扱うこと．
4.2 重要度は，機密性，可用性，インテグリティの視点から分類して，具体的な取扱いを定めること．

▎条文の意味

情報管理の効率性を図るために，電子情報を重要性の視点から区分して，具体的な取扱いを定めること．この規程のなかでは具体的な分類をせず，別に定めることにしている．分類については，第2章および第3章を参照されたい．

5. 電子情報の作成および取得
5.1 電子情報の作成および取得は，ビジネス活動に必要な範囲で行い，不正または不適切な目的のために取得しないこと．
5.2 電子情報の作成および取得は，適正な方法で行うこと．
5.3 電子情報は，正確かつ最新の状態を保つこと．

▎条文の意味

① 電子情報は，業務に必要な範囲内で作成または取得すること．したがって，企業の情報システムを利用して，私的な目的のために情報を作成または取得してはならない．例えば，社員がインターネットを利用して個人的な目的で行うショッピング情報や，投資情報の取得がこれに該当する．
② 取引先や顧客をだまして電子情報を取得してはならない．例えば，アンケ

ート調査のためだけに情報を利用すると偽って収集した情報を，第三者に販売し対価を得るような行為は，顧客との信義上許されない．

> ⚠️ **運用上のポイント**

❶　情報は，作成または取得すればそれで終りではない．常に最新の状態にしておき，企業活動に利用できるようにする必要がある．例えば，情報の一部に古いものや誤ったものがあると，情報全体に対する信用が低下し，利用されなくなるおそれがあるので注意が必要である．なお，電子情報の作成および取得に関するリスクを図 5.13 に示したので参照されたい．

❷　インターネットによるチケット購入時に確認画面を表示し顧客の了解を得てからシステム処理を行う仕組みにしたり，入力した内容をホームページから直接確認できるような機能を組み込んだりする方法も，情報の正確性を確保するうえで有効である．

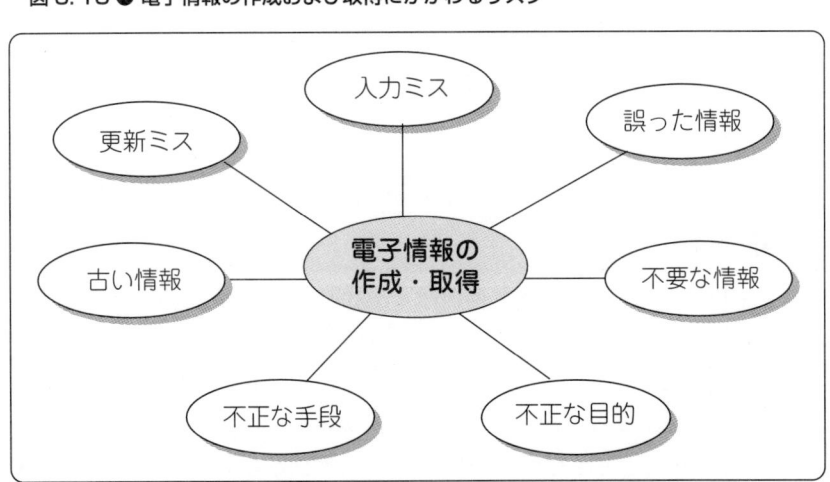

図 5.13 ● 電子情報の作成および取得にかかわるリスク

```
        入力ミス
更新ミス          誤った情報
        電子情報の
        作成・取得
古い情報          不要な情報
        不正な手段   不正な目的
```

5.3 セキュリティスタンダード《電子情報管理規程》

> **6. 電子情報の利用**
> 　電子情報は，業務遂行を目的として使用し，当社の事業目的以外の目的や，私的な目的に利用しないこと．

■条文の意味■

　電子情報の利用では，図5.14に示すようにさまざまなリスクがあり，これらのリスクを低減することが大切である．なお，電子情報の利用とは，情報の照会，加工，複製などをいう．

❗ 運用上のポイント

　企業活動のために作成または取得した情報を，金銭を得たり友人からの依頼に応じたりするなどの目的のために複製したり，照会しないように周知徹底することが重要である．

図 5.14 ● 電子情報の利用にかかわるリスク

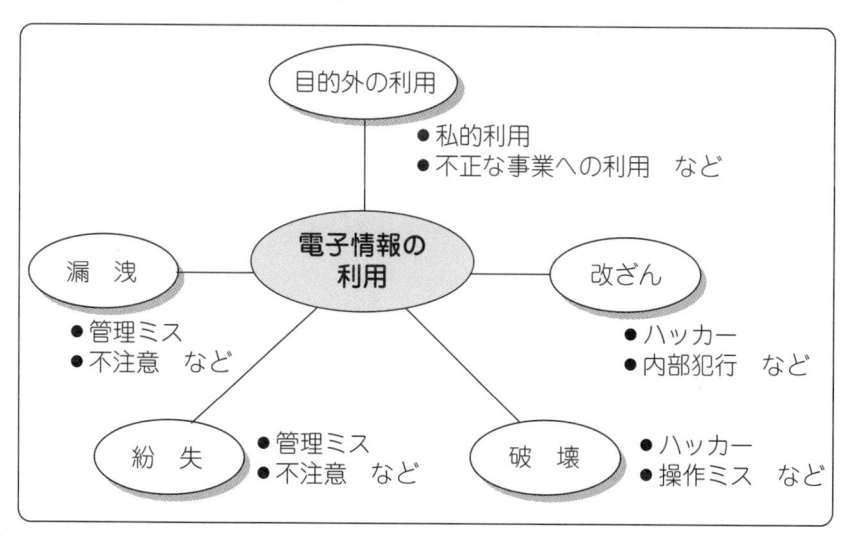

```
                    ┌──────────┐
                    │ 目的外の利用 │
                    └──────────┘
                  ● 私的利用
                  ● 不正な事業への利用　など

    ┌────┐       ┌──────────┐       ┌────┐
    │ 漏洩 │───────│ 電子情報の │───────│ 改ざん │
    └────┘       │   利用    │       └────┘
                  └──────────┘
  ● 管理ミス                              ● ハッカー
  ● 不注意　など                          ● 内部犯行　など

    ┌────┐                              ┌────┐
    │ 紛失 │                              │ 破壊 │
    └────┘                              └────┘
         ● 管理ミス                    ● ハッカー
         ● 不注意　など                ● 操作ミス　など
```

153

7. 電子情報の適正保存
電子情報は，漏洩・破壊・改ざんや，権限のない者によるアクセスが行われないように適正に保存すること．

条文の意味

電子情報は，権限のない者による物理的または論理的な不正アクセスから守られている安全な場所に保存しなければならない．また，不正アクセスには，例えば，業務上必要がないのに同僚の人事情報（賞与の査定情報，家族構成，給与など）を見るといった「盗み見」も含まれる．

❗ 運用上のポイント

情報を守る基本は，アクセスコントロールである．特に退職，人事異動，担当業務の変更時に，アクセス権限を直ちに見直すことがポイントである．また，アクセスログ（アクセス記録）を分析して，不正アクセスの早期発見に努めるとよい．

8. 電子情報の廃棄
8.1 電子情報は，その利用が終了したとき，または保存期限が終了した後，速やかに廃棄すること．
8.2 電子情報は，情報の漏洩や不正使用が生じないよう，内容を消去したうえで廃棄すること．
8.3 重要情報の廃棄は，管理者が立ち会って行うこと．

条文の意味

電子情報の廃棄処理が不適切なことから，電子情報が漏洩することが少なくない．また，古くなった情報や不要な情報は，企業活動上，価値がなくなるので，情報保護に対する注意があまくなりやすい．情報漏洩を防ぐためには，古くなった情報や不要になった情報を直ちに廃棄することが大切である．

5.3 セキュリティスタンダード《電子情報管理規程》

> **！ 運用上のポイント**
> ....

不要になったハードディスクやMOディスクなどをそのまま廃棄してしまうと，そこに保存されている情報が第三者に見られてしまうので注意する必要がある．なお，重要情報の場合には，廃棄業者に任せきりにしないで管理者が立ち会ったり，複数の担当者で廃棄処理を行うなどの対応が必要である．

重要書類の廃棄処理

顧客情報や経理情報などの重要情報が記載された帳票の溶解処理を受託する企業がある．この企業では，委託先社員がガラス張りの控室から処理の状況を監視できるような仕組みにしている．これによって，情報廃棄時のセキュリティを確保している．

---

9. 機器の管理
9.1　電子情報が保存されたコンピューターおよび関連機器の管理を適切に行い，紛失，盗難，損壊などが行われないようにすること．
9.2　重要な電子情報が保存された機器は，権限のない者によるアクセスができないように施錠できるエリアに設置すること．

▎条文の意味

① 電子情報は独立して存在するわけではなく，サーバーやクライアントなどのコンピューターなどに保存されて存在する．したがって，電子情報のセキュリティを確保するためには，これらの機器を適切に管理する必要がある．なお，機器の盗難や紛失では，機器本体ではなく，情報の盗難や紛失が大きな問題になる．情報の再作成・再取得には，手間，時間，コストを要し，社会的信用を失墜させるので注意が必要である

② 電子情報はネットワークを経由して伝送される．電子情報を保護するためには，ネットワーク上の電子情報のセキュリティ確保が必要である．なお，詳しくは，本章の「5.3.6　社内ネットワーク管理規程」（p.188）および

155

「5.3.7 外部ネットワーク利用規程」（p.195）を参照されたい．

❗ 運用上のポイント

サーバーなどの機器が独立したエリア（機械室など）に設置されている場合には，部外者が立ち入れないように施錠すること．また，モバイル機器やノートパソコンなどは簡単に持ち出せるので，使用終了後はキャビネットなどに施錠保管する必要がある．盗難防止用のチェーンを利用してもよい．

機器の盗難

横浜市内の病院から患者4,000人の診療データなどが保存されたパソコン2台が盗まれた事件がある．盗まれたパソコンは，2日後に秋葉原のパソコンショップで売られていた．

10．媒体の管理
10.1 電子情報の保存媒体は，情報の漏洩，破壊，改ざんを防止するために適切に管理すること．
10.2 重要な電子情報の保存媒体は，施錠のできるキャビネットや耐火金庫などに保存すること．
10.3 業務上の必要なく媒体を複製する行為，媒体を許可なく社外へ持ち出す行為を行わないこと．

▎条文の意味

① 電子情報は，MOディスク，CD-R，フロッピーディスク，磁気テープなどの媒体に保存される．これらの媒体は持ち運びや複製が簡単なので，その管理に注意する必要がある．
② 重要な保存媒体は，盗難，紛失，破壊，改ざんなどから保護するために，キャビネットや耐火金庫のように施錠できる安全な場所に保存する必要がある．

5.3 セキュリティスタンダード《電子情報管理規程》

> ⚠ **運用上のポイント**

　媒体の管理責任者を明確にしておくことがポイントである．担当者は何を行い，管理者は何を行うべきかについて周知徹底することが媒体管理の基本である．なお，媒体の社外持出しにも注意する必要がある．電車の網棚への置き忘れや引ったくりによる情報漏洩のおそれがあるからである．

---

11. バックアップ
11.1　システムまたはハードウェアの障害に備えて，電子情報のバックアップを取ること．
11.2　バックアップした電子情報は，復旧作業以外の目的に使用しないこと．
11.3　バックアップを保存した媒体は，原本のある場所から，物理的または地理的に離れた場所に保存すること．

▌条文の意味

　電子情報の滅失に備えてバックアップを取ることは，セキュリティの基本である．バックアップを取得していない場合には，その復元に多大なコストと時間を要することになり，企業活動に大きな損失を与える．なお，バックアップは復旧を目的としているので，それ以外の目的に使用しないことが望ましい．

> ⚠ **運用上のポイント**

❶　バックアップの保存媒体は，常時利用するものではないことから，管理があまくなるおそれがある．バックアップ媒体の管理も，他の保存媒体と同様に注意することがポイントである．

❷　復旧訓練を行っていると，問題が発生した場合にスムーズなシステム復旧ができる．これに加えて，バックアップをしていないデータの発見にも役立つ．

12. 有効性および効率性の確保
12.1 電子情報は，有効に活用できるようにモニタリングするとともに，必要な対策を講じること．
12.2 電子情報は，効率的に利用できるようにモニタリングし，必要な対策を講じること．

|条文の意味|

使われない情報が多くなると，情報活用の有効性および効率性にも悪影響を及ぼす．効率性は，情報セキュリティの3要素のうち"可用性"に関係する．例えば，レスポンス（つまり情報処理の効率性）が悪くなることは，電子情報の可用性の低下につながる．

❗ 運用上のポイント

アクセス数，トラフィック量などをチェックして，有効性および効率性の状況悪化の兆候を事前に把握するための体制整備，モニタリング用ツールの導入などがポイントである．

附　則
1. この規程は，　　年　　月　　日より実施する．
2. この規程の改廃は，○○の承認を得て行う．

|条文の意味|

附則は，通常このような規程に盛り込まれるものであり，規程の施行日，規程を変更する際の手続を定めている．

5.3.4 顧客情報管理規程

　顧客情報は，ネットビジネスにおいて，注文，発送などのビジネス活動を行ううえでキーとなる情報である．顧客情報は企業にとって重要な情報資産であるが，顧客の立場から見ると，例えば，A 社に提供した自己の個人情報がまったく知らない B 社に流出して，電子メールや電話でのセールス，訪問販売など予想もしていなかったことに利用されるおそれがある．こうしたことを防止するために，業界ごとの個人情報保護ガイドライン（通商産業省所管の業界のガイドラインについては http://www.jipdec.or.jp/security/privacy/gyoukai-guideline.htm を，金融機関については，金融情報システムセンター『金融機関などにおける個人データ保護のための取扱指針（改正版）』(http://www.fisc.or.jp) を参照されたい），や『JIS Q 15001（個人情報保護に関するコンプライアンス・プログラムの要求事項)』が定められている．

　このモデル規程は，ネット顧客が安心してネットビジネスを利用できるように，通商産業省『個人情報保護ガイドライン』(『民間部門における電子計算機処理に係る個人情報の保護に関するガイドライン』）をベースに加筆・修正して，個人情報（プライバシー）保護を中心とした顧客情報の取扱いを定めたものである．この規程を利用する場合には，必要に応じてそれぞれの業界の個人情報ガイドラインなどと整合性をとるようにしていただきたい．

---

1. 目　的
　この規程は，当社のビジネス活動を通じて収集・保存・利用・提供する顧客情報について，当該情報の収集および利用を適切に行うとともに，当該情報を安全かつ最新の状態で保存し，適切に廃棄して，顧客および顧客情報のセキュリティを確保することを目的として定める．

▎条文の意味

① 顧客情報の保護を適切に行う方針を明確にしている．具体的には，顧客情報の収集（「作成・取得」のことであるが，ここでは個人情報保護ガイドラインに合わせて「収集」としている）・保存・利用を適切に行い，情報を最

第5章 セキュリティポリシーのモデル

新の状態にするとともに，収集から廃棄までの顧客情報のライフサイクル全般にわたる取扱いを定めている．顧客情報の流れと企業における顧客情報保護の関係については図 5.15 を参照されたい．

② 通商産業省『個人情報保護ガイドライン』では個人情報が保護の対象であるが，この規程では，個人情報の他，法人やその他の団体の情報を含めて個人情報に準じた取扱いにしている．また，通商産業省『個人情報ガイドライン』では，個人情報の「蓄積」という用語を用いているが，ここでは，本書の全体構成上の理由から「保存」を使用している．

❗ 運用上のポイント

顧客情報を個人情報と置き換えて規程を策定してもよい．顧客には，個人や法人があるので，企業の実態に応じて修正して利用されたい．また，顧客情報の取扱いは，企業での情報活用を重視しがちになるが，顧客の立場に立って適切な保護を行う姿勢が大切である．

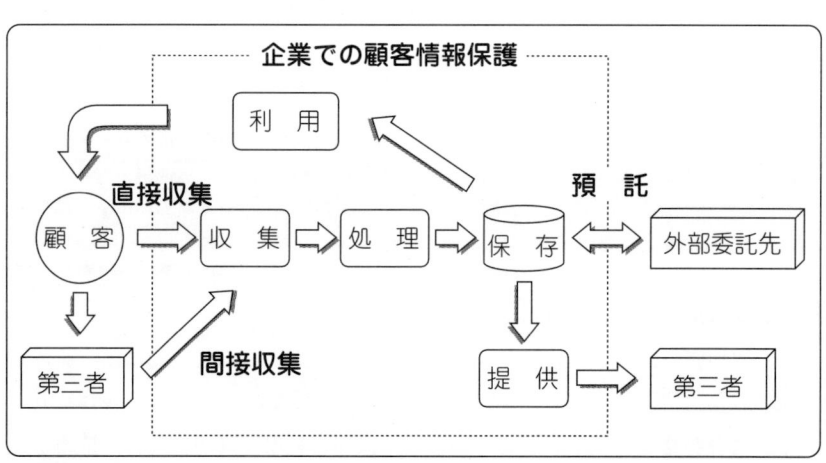

図 5.15 ● 顧客情報（個人情報）の流れと保護

5.3 セキュリティスタンダード《顧客情報管理規程》

2. 定　義
　この規程で使用する用語は，以下のとおり定義する．
（1）　顧客　当社の営業活動の対象となる個人または法人などをいう．
（2）　顧客情報　顧客に関する情報であり，個人顧客の他，法人顧客などすべての顧客にかかわる情報であって，顧客を住所，顧客名，電話番号などを文字，映像，音声などによって当該顧客を識別できる情報をいう．
（3）　個人情報　顧客情報のうち，個人顧客にかかわる情報をいう．
（4）　受領者　顧客情報の提供先をいう．

条文の意味

　この規程で使用する用語の意味を明確にした．特に，顧客情報と個人情報の違いを定めている．

3. 適用範囲
　この規程は，顧客情報を取り扱う情報システムの企画，開発，運用および利用について適用する．

図5.16 ● 顧客情報管理規程の適用範囲

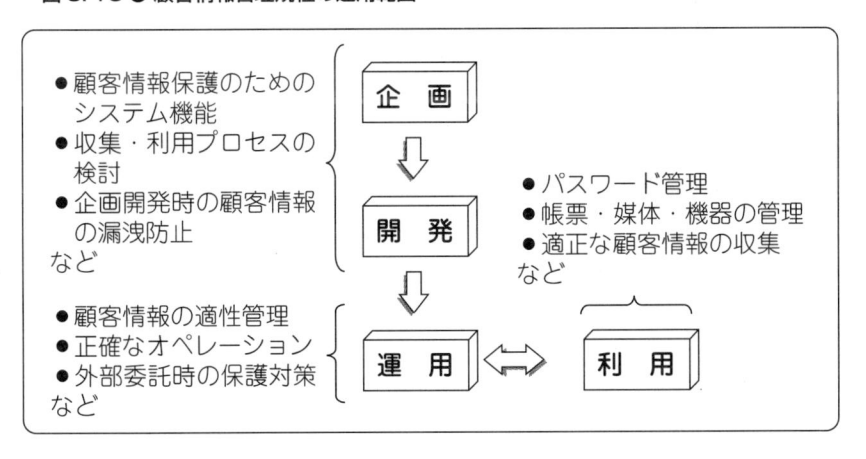

- 顧客情報保護のためのシステム機能
- 収集・利用プロセスの検討
- 企画開発時の顧客情報の漏洩防止
など
　　　　　　　　　　　企画
　　　　　　　　　　　　↓
- パスワード管理
- 帳票・媒体・機器の管理
- 適正な顧客情報の収集
など
　　　　　　　　　　　開発
　　　　　　　　　　　　↓
- 顧客情報の適性管理
- 正確なオペレーション
- 外部委託時の保護対策
など
　　　　　　　　　　運用　⇔　利用

第5章　セキュリティポリシーのモデル

> 条文の意味

　顧客情報の保護は，システムの運用や利用においてだけ考えるのではなく，企画・開発段階から必要なセキュリティ機能を盛り込む必要がある．なぜなら，システムの運用段階でセキュリティ機能を追加する場合には，開発段階で組み込むのに比較して多大なコストと手間がかかるからである．したがって，この規程ではシステムの運用・利用だけではなく，企画および開発も適用対象範囲にしている（前掲の図5.16参照）．

⚠ 運用上のポイント

　この規程を遵守していくためには，システム設計マニュアル，運用マニュアル，操作マニュアル，業務マニュアルなどのなかに，顧客情報保護に関する取扱いを明記するとよい．そうすれば，意識しなくてもシステム設計時に適切な個人情報保護のためのセキュリティ機能を組み込むことができる．

---

4. 顧客情報の収集範囲
　顧客情報の収集は，当社の事業活動の範囲内で行い，収集目的を明確に定め，その目的の達成に必要な限度内で行わなければならない．

> 条文の意味

　顧客情報の収集は，目的を明確にし，企業の事業活動の範囲内で行う必要がある（図5.17参照）．顧客は，企業の収集目的を了解して，自己の情報を企業に提供するのであるから，企業の社会的責任を考えて顧客の信頼を裏切らないようにする必要がある．

⚠ 運用上のポイント

　顧客情報の本来的な所有者が顧客であることを，十分に認識することがポイントである．「顧客情報は顧客のもの」という認識を徹底させるためには，従業員に対する教育が重要である．

5.3 セキュリティスタンダード《顧客情報管理規程》

図5.17 ● 顧客情報の収集

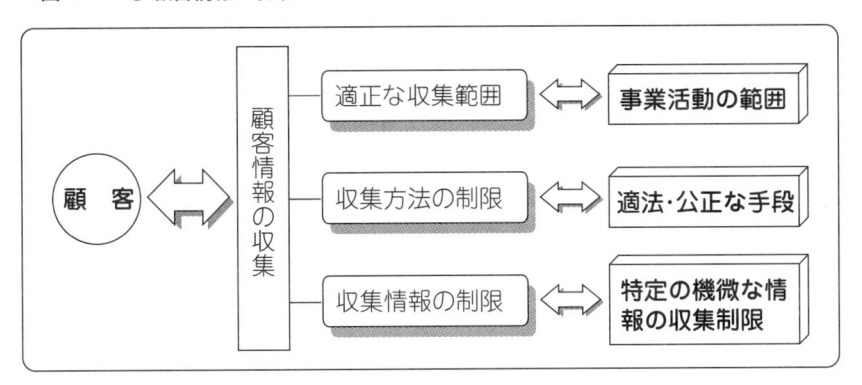

```
顧客 ⇔ 顧客情報の収集 ─── 適正な収集範囲   ⇔ 事業活動の範囲
                    ─── 収集方法の制限   ⇔ 適法・公正な手段
                    ─── 収集情報の制限   ⇔ 特定の機微な情報の収集制限
```

5. 収集方法の制限

　顧客情報の収集は，適法かつ公正な手段によって行わなければならない．

【条文の意味】

　顧客をだましたり，嘘をついたりして顧客情報を収集してはならない．例えば，法令で義務づけられていると嘘をついて家族構成などの情報を収集したり，アンケート調査だけに使用するという理由で氏名，住所，年収，趣味，嗜好などの情報を収集して，無断で他社に販売または提供するような行為は行ってはならない（次ページの事例参照）．また，不正な方法で顧客情報を収集すると，企業の社会的信用の失墜や，訴訟問題の発生などによって，ビジネス活動に大きな損失を与えることを忘れてはならない．

❗ 運用上のポイント

　企業の個人情報保護に対する基本姿勢を問われるものであり，従業員に対する周知徹底が不可欠である．各部門の管理者は，部下が不正な情報収集を行わないように注意することが重要である．

第5章　セキュリティポリシーのモデル

> **顧客をだまして個人情報を収集した事件**
> 広島県の食品販売業者が,「商品のモニターになれば報酬を支払う」と広告を出して集めた顧客に健康食品や化粧品を売りつけた.被害者は約 4,000 人,被害総額は約 10 億円といわれる.

> **6. 収集情報の制限**
> 次に掲げる種類の内容を含む個人情報は,顧客の明確な同意がある場合または法令に特段の定めがある場合を除いて,これを収集,利用し,または提供してはならない.
> （1）　人種および民族
> （2）　門地および本籍地（所在都道府県に関する情報を除く）
> （3）　信教（宗教,思想および信条）,政治的見解ならびに労働組合への加盟
> （4）　保健医療および性生活

条文の意味

① 個人情報のなかには,収集してはならない情報がある.本条で定めている情報は,通商産業省『個人情報保護ガイドライン』で定められたものである.なお,門地とは,家柄のことである.ここに掲げた情報は,収集してはならない情報であり,従業員教育で周知徹底させる必要がある.営業活動でこれらの情報を収集・利用するような計画を策定しないように注意する必要がある.

② この条文は個人顧客を対象としたものであり,法人顧客の場合には対象とならない.

運用上のポイント

この条文では顧客情報を対象としているが,従業員,派遣社員,パートなどの個人情報についても同様に取り扱う必要がある.

5.3 セキュリティスタンダード《顧客情報管理規程》

7. 直接収集の方法
7.1 顧客から直接顧客情報を収集する場合には,次の事項を書面により通知し,当該顧客情報の収集,利用または提供に関する同意を得なければならない.
(1) 当社の顧客情報に関する管理者または代理人の氏名,職名,所属および連絡先.
(2) 顧客情報の収集および利用の目的.
(3) 顧客情報を外部に提供することが予定されている場合には,その目的,当該情報の提供先,属性および顧客情報の取扱いに関する契約の有無.
(4) 顧客情報の提供に関する顧客の任意性および当該情報を提供しなかった場合に生じる結果.
(5) 顧客情報の開示を求める権利および開示の結果,当該情報が誤っている場合に訂正または削除を要求する権利の存在ならびに当該権利を行使するための具体的な方法.
7.2 インターネットを通じて顧客から顧客情報を収集する場合には,インターネットなどの方法によって前項の事項を通知し,当該顧客情報の収集,利用または提供に関する同意を得ること.

条文の意味

① ここでは,顧客から直接顧客情報を収集する場合の取扱いを定めている.通商産業省『個人情報保護ガイドライン』では,書面による顧客の同意が必要であると定めているので,この規程でもそれに準じている.
② 7.2項は,インターネットを通じて顧客情報を収集する場合の取扱いを定めている.ネットビジネスでは,この取扱いを遵守する必要がある.

運用上のポイント

ホームページを通じて個人顧客から注文受付,アンケートなどを行う場合には,収集目的や管理者などをホームページ上に表示する必要がある.ネットビジネスにこれから参加する企業は,注意が必要である.例えば,富士通のホームページ(http://www.fujitsu.co.jp)のように個人情報保護ポリシーを掲載したものがあるので,これらを参照されたい.

第5章　セキュリティポリシーのモデル

8. 間接収集の方法
8.1 顧客以外の者から間接的に顧客情報を収集する場合には，7.1項の（1）から（3）まで，および（5）に掲げる事項を書面により通知し，当該顧客情報の収集，利用または提供に関する同意を得なければならない．
8.2 ただし，次のいずれかに該当する場合は，この限りではない．
（1） 顧客からの顧客情報収集時に，あらかじめ当社への情報の提供を予定している旨7.1項（3）に従い顧客の同意を得ている提供者から収集を行う場合．
（2） 提供される顧客情報に関する守秘義務，再提供禁止および事故時の責任分担などの契約の締結により，顧客情報に関して提供者と同等の取扱いを担保することによって顧客情報の提供を受け，収集を行う場合．
（3） 既に顧客が7.1項（1）から（5）までに掲げる事項の通知を受けていることが明白である場合，および顧客により不特定多数の者に公開された情報からこれを収集する場合．
（4） 正当な事業の範囲内であって，情報主体の保護に値する利益が侵害されるおそれのない収集を行う場合．
8.3 インターネットなどを通じて顧客に関する顧客情報を間接的に収集する場合にも，8.1項および8.2項の内容を遵守すること．

条文の意味

　企業が顧客本人以外の者から顧客情報を収集する場合（間接的な収集）の取扱いを定めたものである．間接的に収集する場合にも，顧客の同意が必要である．ただし，顧客情報の提供者が事前に提供に関する顧客の了解を得ている場合，提供者と同等の取扱いを担保して顧客情報の提供を受ける場合，顧客が事前に通知を受けていることが明白な場合などについては，顧客の同意を得る必要はない．なお，インターネットを通じて顧客情報を間接的に収集する場合も，この規程に従って取扱う必要がある．

⚠ 運用上のポイント

　名簿業者などから入手した個人情報を利用する場合には，名簿が特定の団体内での親睦を深めることなどを目的としているので，問題になるおそれがあることに注意する必要がある．また，他社がホームページで収集した住所，氏

5.3 セキュリティスタンダード《顧客情報管理規程》

名，メールアドレスなどを利用する場合には，電子メールなどにより顧客の了解を得るなどの対応が必要になる．

9. 利用範囲の制限
顧客情報の利用は，原則として収集目的の範囲内で行うこと．

条文の意味

① 顧客情報の利用は，収集目的以外に利用してはならない（図 5.18 参照）．例えば，アンケート調査の目的で収集した顧客情報を，第三者に販売するような行為は行わない．

② 顧客情報は，収集した企業が自由に利用できるのではなく，顧客が同意した目的の範囲内で利用できることを忘れてはならない．企業の都合だけを優先させて，社会的な基準（例えば，通商産業省『個人情報保護ガイドライン』）を無視すると，顧客の信用を得られなくなるだけでなく，ビジネス活動に大きな支障をきたすおそれがある．

運用上のポイント

❶ 例えば，ホームページでアンケート調査を行い，収集した個人情報を電話セールスや訪問販売などの営業活動で利用したい場合には，ホームページにその旨を明示すればよい．この場合には，顧客の同意を得ているので目的外の利用には当たらない．

❷ 顧客情報の利用については，収集目的の範囲内で行うとの制約があるので，収集目的を決定する際に十分な検討が必要である．営業部門や企画部門と顧客情報の活用方法について，CRM（Customer Relationship Management, p. 17 を参照）の導入などを踏まえて検討するとよい．

第5章 セキュリティポリシーのモデル

図5.18 ● 顧客情報の利用

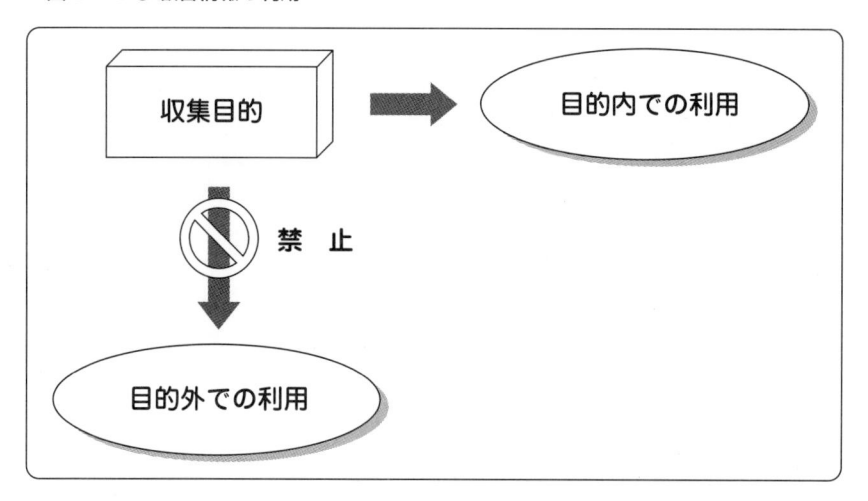

> **10. 目的内の利用**
> 　収集目的の範囲内での顧客情報の利用は，次の（1）から（6）までに掲げるいずれかの場合のみこれを行うものとする．
> （1） 顧客が同意を与えた場合．
> （2） 顧客が当事者である契約の準備または履行のために必要な場合．
> （3） 当社が従うべき法的義務のために必要な場合．
> （4） 顧客の生命，健康，財産などの重大な利益を保護するために必要な場合．
> （5） 公共の利益の保護または当社もしくは顧客の情報の開示対象となる第三者の法令にもとづく権限の行使のために必要な場合．
> （6） 顧客の利益を侵害しない範囲内において，当社および顧客情報の開示の対象となる第三者その他の当事者の合法的な利益のために必要な場合．

▎条文の意味

　顧客情報の収集目的内での利用について定めたものである．収集時に顧客の同意を得てその範囲内で利用する場合，顧客との契約を履行するために顧客情報を利用する場合などにおいて，顧客情報を利用できる．

5.3 セキュリティスタンダード《顧客情報管理規程》

11. 目的外の利用
11.1 収集目的の範囲を超えた顧客情報の利用は，原則として行わないこと．
11.2 収集目的を超えて顧客情報の提供を行う場合には，10項（1）から（6）までに掲げるいずれの場合にも当たらない顧客情報の利用を行う場合においては，少なくとも 7.1 項（1）から（3）まで，および（5）に掲げる事項を，書面またはネットワークにより通知し，あらかじめ顧客の同意を得，または利用より前の時点で顧客に拒絶の機会を与えるなど，顧客による事前の了解の下に行うものとする．

条文の意味

目的外の利用を禁止する条項である．企業倫理上，顧客の信頼を裏切るような行為をしてはならない．収集目的を超えて顧客情報を利用する場合には，顧客の同意を得るなどの手続が必要である．

❗ 運用上のポイント

顧客情報を収集する際に，あらかじめ顧客情報の利用方法について十分検討して，収集目的に明示し顧客の了解を得るとよい．顧客情報収集後に顧客の了解を得ることは手間と時間がかかるからである．了解を得るには，電子メールによる方法もある．

12. 提供範囲の制限
顧客情報の提供は，原則として収集目的の範囲内で行うものとする．

条文の意味

① 自社内だけで顧客情報を利用することを前提に顧客から情報を集めた場合には，有償無償を問わずに第三者に対して提供しないこと．
② 顧客情報は，顧客との信頼関係を前提に収集，利用，提供するものなので，信頼関係を裏切る行為は行わないこと．

第 5 章　セキュリティポリシーのモデル

> ⚠ **運用上のポイント**

　顧客情報の外部への提供については，事前に十分に検討したうえで収集目的を決める必要がある．収集した後に外部提供の内容を変更することは難しいからである．

---

13. 目的内の提供

13.1　収集目的の範囲内での顧客情報の提供は，少なくとも 7.1 項 (1) から (3) まで，および (5) に掲げる事項を書面またはネットワークを通じて通知し，あらかじめ顧客の同意を得，または提供より前の時点で顧客に拒絶の機会を与えるなど，顧客による事前の了解の下に行うものとする．

13.2　ただし，次の (1) から (4) までに掲げるいずれかの場合においては，この限りではない．

(1)　顧客からの顧客情報収集時に，あらかじめ当該情報の提供を予定している旨 7.1 項 (3) に従い顧客の同意を得ている受領者に対して提供を行う場合．

(2)　提供した顧客情報に関する守秘義務，再提供禁止および事故時の責任分担などの契約の締結により，顧客情報に関する事故と同等の取扱いが担保されている受領者に対して提供を行う場合．

(3)　受領者が当該顧客情報について改めて 7.1 項 (1) から (5) までに掲げる事項を提供し，情報主体の同意を得る措置を取ることが明白である場合．

(4)　正当な事業の範囲内であって，顧客の利益が侵害されるおそれのない提供を行う場合．

▌**条文の意味**

　目的内での顧客情報の提供は，顧客の同意を得た範囲内で行うこと．なお，ネットビジネスでは，その性質からネットワークにより同意を得ることが効率的で有効な方法である．ネットワークによる同意を得る方法には，ホームページでの明示，電子メールによる了解の 2 つの方法がある．

> ⚠ **運用上のポイント**

　事後のトラブルに備えて，顧客の承諾を証明するために，顧客の了解を得た

5.3 セキュリティスタンダード《顧客情報管理規程》

ときのホームページのコンテンツ，顧客からの回答（電子メールなど）の記録を保存しておくとよい．

14. 目的外の提供
14.1 収集目的の範囲を超えた顧客情報の提供は，原則として行わないものとする．
14.2 ただし，やむを得ず収集目的の範囲を超えて提供を行う場合および7.1項(1)から(4)までに掲げるいずれの場合にも当たらない顧客情報の提供を行う場合においては，顧客に対して，少なくとも顧客情報の受領者に関する7.1項(1)から(3)まで，および(5)に相当する事項を書面またはネットワークにより通知し，顧客の同意を得るものとする．この場合，7.1項(1)中「当社」は「受領者」と，同項(3)中「提供」とあるのは「再提供」と読み替えるものとする．
14.3 ただし，既に顧客が，当該事項の通知を受け包括的な同意を与えている場合は，この限りではない．

条文の意味

社内利用として収集した顧客情報を，他企業に販売したり無償で提供したりしないこと．収集時に顧客の同意を得ていない場合には，新たに顧客の同意を得る必要がある．

運用上のポイント

顧客情報を収集した後に第三者に対する顧客情報の提供の内容を変更することは大変なので，事前に提供の内容を十分に検討すべきである．また，提供内容を変更する場合には，電子メールで顧客の了解を得る方法もある．

15. 顧客情報の正確性確保
顧客情報は利用目的に応じ必要な範囲内において，正確かつ最新の状態で管理するものとする．

第5章 セキュリティポリシーのモデル

条文の意味

インプットミス，オペレーションミスやプログラムのバグ（欠陥）によって，顧客情報が間違っていると顧客に迷惑をかける．例えば，インターネットで入力した顧客の住所，氏名などの情報が正しくシステムで処理されなければ，商品が届かなくなってしまう．また，顧客が代金を支払ったのに，その情報がシステムに登録されなければ，顧客に対して支払の督促を行うなどのミスが発生する．

❗ 運用上のポイント

システムによるデータチェック，間違いの発生しにくい入力方法などによって，顧客情報の正確性を確保することが大切である．データの入力段階でチェックする方法が有効である．

---

16. 顧客情報の利用の安全性確保
　顧客情報への不当なアクセスまたは顧客情報の紛失，破壊，改ざん，漏洩などのリスクに対して，技術面および組織面において合理的な安全対策を講じるものとする．

条文の意味

顧客情報の紛失，破壊，改ざん，漏洩などが発生すると，顧客サービスができなくなったり，顧客のプライバシーが侵害されたりする．顧客情報は企業の所有物ではなく，顧客からの「預りもの」という意識をもって，セキュリティの確保に努める必要がある．

❗ 運用上のポイント

❶　顧客情報の安全性を確保するためには，例えば，アクセスコントロール（パスワード，ICカードなど），バックアップ，入出力帳票の保護，暗号化，管理体制（管理者によるチェック），機器，媒体の管理（持ち出し，コピーの制限など）などの対策がある．

5.3 セキュリティスタンダード《顧客情報管理規程》

❷ セキュリティ確保のためには，アクセスコントロールなどの技術的対策の他に，管理者によるチェック，従業員教育，監査などの組織的・制度的な対策も重要である．技術的な対策と管理的な対策のバランスを取り，セキュリティホールが発生しないようにすることがポイントである．

> **17. 秘密保持に関する従事者の責務**
> 当社内において顧客情報の収集・利用・提供に従事する者は，この規程および情報セキュリティに関する規定，ならびに法令の規定に従い，顧客情報の秘密保持に十分な注意を払いつつその業務を行うものとする．

条文の意味

顧客情報を適切に取り扱うためには，顧客情報を利用する者の責任や倫理観が不可欠である．従業員の故意や過失による顧客情報の漏洩事例は多い．顧客情報を保護するためには，従業員1人ひとりが顧客情報を保護しようとする意識をもつことが大切である．

❗ 運用上のポイント

❶ 情報リテラシー教育やセキュリティ教育の機会を利用して，定期的な従業員教育を実施する必要がある．また，就業規則に守秘義務を明示する方法も，従業員の意識を高めるための1つの方法である．

❷ 欧米の企業では，第2章「2.3 セキュリティポリシーの策定手順」(p.38)で述べたように従業員に対してセキュリティポリシーを遵守することを署名させて誓約させる場合がある．このような方法も従業員の意識を高めさせる方法の1つである．

第5章　セキュリティポリシーのモデル

> **18. 顧客情報の委託処理に関する事項**
>
> 　情報処理を外部委託するなどのため顧客情報を外部に預託する場合においては，十分な顧客情報の保護水準を提供する外部委託先を選定する．また，契約などの法律行為により，管理者の指示の遵守，顧客情報に関する秘密の保持，再提供の禁止および事故時の責任分担などを担保するとともに，当該契約書などの書面または電磁的記録を顧客情報の保有期間にわたり保存するものとする．

条文の意味

　多くの企業でシステム開発や運用を外部に委託（アウトソーシング）している．アウトソーシングでは自社の顧客情報にかかわるシステム処理を外部企業に委託することになるので，アウトソーシング先における顧客情報保護が不可欠になる．なお，アウトソーシング先の選定に際しては，アクセスコントロール，媒体の管理，管理者のチェック体制，バックアップ，監査などのセキュリティ対策の水準を評価する．プライバシーマーク（http://www.jipdec.or.jp/security/privacy/を参照）などの取得状況も参考にするとよい．なお，情報サービス・調査業を中心に，学習塾など154社がプライバシーマークの使用許諾を受けている（2000年7月13日現在）．

❗ 運用上のポイント

❶ 外部委託に際しては，契約を締結して義務および責任などを明確にすることがポイントである．委託先に対して立入検査が行えるように，監査権を盛り込んだ契約にするとよい．契約書には，次の項目を参考にして各社の状況に応じた内容にするとよい．

　ⓐ　秘密保持
　ⓑ　損害賠償
　ⓒ　事故，障害などの報告
　ⓓ　目的外使用の禁止
　ⓔ　取扱者，取扱場所，取扱時間などの制限
　ⓕ　監査権（立入検査，文書などの査閲，ヒアリングなど）

5.3 セキュリティスタンダード《顧客情報管理規程》

　ⓖ　連絡，管理体制
　ⓗ　従業員教育（セキュリティ教育）
❷　委託先での顧客情報保護を確かなものとするためには，顧客情報の管理状況をチェックする必要がある．自社の監査部門などと協力して，監査を行うとよい．

---

19. 顧客の権利

　顧客から自己の情報について開示を求められた場合には，原則として合理的な期間内にこれに応じる．また，開示の結果，誤った情報があった場合で，訂正または削除を求められた場合には，原則として合理的な期間内にこれに応じるとともに，訂正または削除を行った場合には，可能な範囲内で当該顧客情報の受領者に対して通知を行うものとする．

▶条文の意味

　プライバシー権とは，自己の情報をコントロールする権利であるといわれる．ここでは，顧客の自己の情報に関する権利を明確にしている．顧客から顧客自身の情報について開示請求があった場合や，開示の結果，内容に誤りがあり訂正を求められた場合には，これに応じる必要がある．なお，開示請求は，個人情報に関するものであるが，この規程では，法人などを含めたすべての顧客についての開示請求を織り込んでいるが，法人顧客については開示請求権を除いてもよい．

❗運用上のポイント

❶　顧客からの開示要求に応じられる体制についても検討しておくとよい．具体的には，対応窓口，開示請求の手続，開示の方法などの検討が必要になる．

❷　開示請求への対応においては，開示請求をした者が本人かどうかを確認することが重要である．運転免許証や健康保険証などによって確かめることをルール化しておくとよい．

第5章　セキュリティポリシーのモデル

20. 顧客の自己情報の利用または提供の拒否権
20.1 当社が既に保有している顧客情報について，顧客から自己の情報についての利用または第三者への提供を拒まれた場合は，これに応じるものとする．
20.2 ただし，公共の利益の保護，または当社もしくは顧客情報の開示対象となる第三者の法令にもとづく権利の行使または義務の履行のために必要な場合については，この限りではない．

条文の意味

① 顧客の自己情報の利用および提供に関する権利について明確にしている．例えば，顧客から商品やイベント開催案内などの送付を止めてもらいたいとの申し出があったら，これに応じなければならない．
② 顧客から代金を回収するために必要な顧客の氏名，住所などの情報を削除するといった顧客からの要求は，契約を履行するうえで必要であり，このような場合には要求に応じる必要はないと考えられる．

❗ 運用上のポイント

顧客に電子メールで商品やイベントの案内を送付している場合には，例えば電子メールの中に「今後案内の送付が不要な場合には，連絡してください」というように顧客の拒否権を配慮する方法が考えられる．

21. 顧客情報の管理責任者
21.1 顧客情報管理責任者は，○○とする．
21.2 顧客情報管理責任者は，この規程に定められた事項を理解，および遵守するとともに，従事者にこれを理解させ，および遵守するための教育訓練，関連規程の整備，安全対策の実施ならびに実践遵守計画の策定および周知徹底などの措置を実施する責任を負うものとする．

条文の意味

顧客情報の管理責任者は，総務部門や営業部門の責任者を選任する．役員を責任者にすれば，企業が顧客情報保護を大切にしているという姿勢が明確にな

5.3 セキュリティスタンダード《顧客情報管理規程》

る．また，顧客情報管理責任者の責務は，セキュリティ教育，セキュリティ対策，コンプライアンスプログラム（実践遵守計画）の策定など必要な対応を行い，この規程を企業全体で遵守することとしている．特にネットビジネスでは，ビジネスを成功させるために顧客情報の保護がきわめて重要である．

❗ 運用上のポイント

大きな組織の場合には，管理体制を図示して，管理責任および義務を明確にする必要がある．このような体制図は，人事異動や組織変更のときに忘れずに変更することがポイントである．

附　則
1. この規程は，　年　月　日より実施する．
2. この規程の改廃は，○○の承認を得て行う．

条文の意味

附則は，通常このような規程に盛り込まれるものであり，規程の施行日，規程を変更する際の手続を定めている．

第 5 章 セキュリティポリシーのモデル

5.3.5 機器・設備管理規程

　ここでは，情報システムの基本的なセキュリティである，物理的セキュリティを確保するためのモデル規程を提案する．物理的セキュリティは，災害や不正行為，テロなどの脅威から情報機器・設備を保護することをいう．機器・設備管理規程は，ネットビジネス特有の事項だけを定めたものではなく，情報システム全般について適用できる事項を定めている．

---

1. 目　的
　この規程は，業務活動を行ううえで必要な情報を取扱う機器および設備の保護を行うために遵守すべき事項を定めることを目的とする．

■条文の意味

　ここでは主に物理的セキュリティ対策により，情報機器および設備を保護することを述べている．

---

2. 定　義
　この規程で使用する用語は，以下のとおり定義する．
（1）機器　コンピューター，コンピューター付属機器，データセンターおよびプリントセンターの各種機器をいう．
（2）モバイル機器　ノートパソコン，PDA（Personal Digital Assistants：個人向け携帯情報端末），携帯電話など，個人により容易に携帯できる情報機器をいう．
（3）取り外し可能な記録媒体　MO ディスク，フロッピーディスク，CD-ROM，CD-R などの容易に取り外しや携帯が可能な情報の保存媒体をいう．
（4）設備　情報システムにかかわる設備のことをいう．

■条文の意味

① コンピューターとは，メインフレーム，サーバー，クライアントなどのコンピューターをいう．
② 情報セキュリティポリシーでは，情報機器の破壊や盗難などの脅威への対策を検討する場合，持ち運びしやすい情報機器とそうでないものに区別する

5.3 セキュリティスタンダード《機器・設備管理規程》

必要がある．そこでモバイル機器の定義をしている．
③ 記録媒体は，主としてデータの保存に用いられる．一方，ノートパソコンにはデータに加えデータを処理するソフトウェア，システムへアクセスするための情報（パスワードや電子証明書など）を保存することが多い．移動可能なものであっても，記録媒体とノートパソコンでは取扱いが異なるので用語を区別している．
④ 設備には，データ通信関係の設備，電話，空調設備などが含まれる．
⑤ 情報技術の進歩にともなって，情報機器や保存媒体などは多様化する．したがって，情報機器・設備などの分類は，技術革新に合わせて見直す必要がある．

3．適用範囲
　この規程は，情報システムに使用する機器，設備の設置，管理および利用に適用する．

条文の意味

　この規定では，情報機器・設備の物理的セキュリティ確保を目的としている．物理的セキュリティ確保のためには，情報機器・設備の物理的な取扱い，設置場所の条件，取扱者の入退館（室）の扱いなどを定める必要がある．

4．セキュリティエリアへの入退出
4.1　重要情報を取扱う機器および設備は，アクセスが許可された者だけが入退出できる領域に設置すること．
4.2　入退出者の記録を残すこと．
4.3　保守や機器搬入などのため，一時的に入退出が必要な場合には，アクセスを許可されている者が当該者に常時同行すること．

条文の意味

　システムによってはリモート操作では操作できないことでも，サーバーに直

結した端末から操作できることがある．したがって，重要な情報機器は，施錠されたサーバールームなどに設置する必要がある．

⚠️ 運用上のポイント

❶　セキュリティエリアへの入退出のログを取る基準は，情報システムの重要度によって異なる．入場時の記録を取ることは多いが，特に重要なシステムに関しては，退場時の記録も取るべきである．

❷　情報機器および設備の保守や搬入に際して一時的に入退出する者については，セキュリティエリアの管理者による立会い，一時的な入退出権限の付与などの手続を定め，文書化しておくとよい．

---

5. 機器・設備の設置

5.1　すべての機器および設備は，情報システム部門の許可を得て設置しなければならない．社内ネットワークへの機器接続は，社内ネットワーク管理規程に定める．

5.2　機器・設備には，盗難，火災，水害などによる被害を防止するための対策を講じること．

▎条文の意味

　PDA（個人向け携帯情報端末）やノートパソコンといった通信機能と，大容量記憶装置を備えた携帯可能な情報機器が増加している．このような情報機器を社内に持ち込むことによって，大量の情報を人知れず持ち出すことが可能となる．そのため，ネットワークへの機器の接続には，注意が必要である．

⚠️ 運用上のポイント

　企業が購入した情報機器・設備以外の設置は，最低限許可制にすることが望ましい．通信機能をもった機器を設置する場合には，外部からモデムなどを経由したセキュリティホールが生じることに注意する必要がある．

5.3 セキュリティスタンダード《機器・設備管理規程》

6. 電源の確保
6.1 機器および設備の安定稼動に必要な電力を十分確保すること．
6.2 重要な機器には，停電および電源異常から機器を保護するために，無停電電源装置（UPS）を設置すること．
6.3 長時間にわたる停電でも稼動させる必要がある機器および設備には，バックアップ用の電源設備を設けること．

条文の意味

たとえ個々の情報システムの必要電力量が大きくなくても，すべての情報システムを稼動させるために必要な電力量は，大きくなる．したがって，電力についても考慮しなくてはならない．ネットビジネスにおいては，24時間365日運用する必要があるので，電源の確保は非常に重要な項目である．

情報システムは，業務継続計画に従って復旧に必要な時間を算定する必要がある．復旧時間の長短により，無停電電源装置を使うか，バックアップ電源まで準備するかを考慮するとよい．

運用上のポイント

❶ すべての情報機器や設備に無停電電源装置（UPS）が必要なわけではない．例えば，クライアントが複数ある場合には，そのうちの1台だけにUPSを設置する方法も考えられる（ただし，UPSがないクライアントでは，データの破壊などのリスクが残る）．

❷ 瞬断（瞬間的な停電で，人間が気づかない程度のもの）や電圧の変化などに対応できるようにするためにも，電源の確保は重要である．

7. ネットワーク配線
7.1 ネットワークは，情報システム部門の許可なく配線してはならない．
7.2 ネットワーク配線は，盗聴および破損を防止するために外部に露出しないようにすること．

第5章 セキュリティポリシーのモデル

条文の意味

ネットワーク上を流れているデータを盗聴するには，ネットワークに物理的な盗聴回路を接続する必要がある．物理的にネットワークへのアクセスを制限するために，ネットワーク配線を露出させないようにすれば盗聴の可能性を低減させることができる．

⚠ 運用上のポイント

ネットワーク配線の物理的なセキュリティは軽視されがちである．しかし，ネットワーク配線上を情報が流れていることを考えると，電話回線と同程度，もしくはそれ以上の物理的セキュリティが必要である．

---

8. 保　守
8.1 機器・設備の修理または保守を外部に委託する場合は，情報システム部門を通じて行うこと．
8.2 機器・設備を社外に持ち出して，修理または保守を行う際には，機器・設備に保存されている情報を削除または消去すること．
8.3 機器・設備の修理の委託先とは，秘密保持契約を締結すること．機器の修理および保守は，情報システム部門の許可した委託先だけが行うことができる．
8.4 機器・設備に関する障害の発生とその保守，ならびに予防保守の記録を保存すること．

条文の意味

情報機器・設備の修理または保守を行う際には，当該機器・設備に重要な情報を保存したままで外部に出さざるを得ないこともある．したがって，指定した外部委託先を使う必要がある．また，機密性を確保するために，委託先と機密保持契約を締結する必要がある．

⚠ 運用上のポイント

情報機器・設備の修理および保守の委託の選定に際しては，技術レベルだけではなく情報管理の適切性についても評価する必要がある．また，ユーザーが

5.3 セキュリティスタンダード《機器・設備管理規程》

勝手に修理を依頼しないように，修理や保守に関する手続を周知しておくとよい．

9. 機器・設備の移動

機器・設備は，情報システム部門の許可なく移動してはならない．ただし，同一フロア内の移動およびモバイル機器の移動は，この限りではない．

❗ 運用上のポイント

情報機器・設備の移動を会計上の資産管理の観点から制限しているところもある．しかし，ここでは情報漏洩の防止と可用性の確保のために，機器・設備の移動を制限している．モバイル機器の普及により，移動許可の判断が難しくなったので，移動を許可する機器，許可する移動範囲などを事前に取り決めておく必要がある．

10. 機器・設備の処分および再利用

10.1 機器・設備を処分するときには，機器に保存されている情報を消去，削除または物理的に破壊しなければならない．
10.2 機器・設備を処分する場合には，事前に秘密保持契約を締結した指定の委託先に依頼すること．
10.3 機器・設備を社内で再使用する場合には，当該機器・設備から情報を消去してから使用すること．

[条文の意味]

機器・設備を処分するときには，当該機器・設備に保存された機密情報を見落としてしまうことがある．パソコン上のデータを論理的方法により完全に消すことは難しいので，重要な機器に関しては物理的に破壊するとよい．

第 5 章　セキュリティポリシーのモデル

⚠ 運用上のポイント

　情報機器・設備の処分に関しても，事前に処分の委託先や手順を定めておく必要がある．ユーザーから見ると，処分は，単に機器を使う必要がなくなっただけのことであると思われやすい．処分に際しては，情報機器・設備だけではなく，そのなかにある情報を処分するという意識が大切である．また，情報機器・設備の無断処分を発見するためには，定期的な棚卸を行うことが有効である．

---

11. モバイル機器
11.1　モバイル機器は，社外では必ず所有者が携帯し，放置しないこと．
11.2　モバイル機器に重要な情報を保存する場合は，パスワードなどによるアクセスコントロール，データの暗号化など，情報漏洩防止策を講じること．

条文の意味

　モバイル機器は，事業所などの外で使用される．したがって盗難や紛失の恐れが多いので，オペレーションシステムレベルのパスワードのほかに物理的な BIOS レベルのパスワード設定を行うとよい．

⚠ 運用上のポイント

　モバイル機器を適切に管理する場合には，その利用者のセキュリティ意識がポイントになる．ユーザー教育を行いユーザー 1 人ひとりのセキュリティ意識を高めるとともに，管理者の意識も高める必要がある．

5.3 セキュリティスタンダード《機器・設備管理規程》

12. 記録媒体の取扱い
12.1 取り外し可能な記録媒体は，保存する情報の重要性に応じて取扱うこと．
12.2 重要な情報を保存した記録媒体は，受渡しの際にその記録を保管すること．
12.3 記録媒体が不要となった場合は，情報を完全に消去すること．
12.4 記録媒体の処分を外部に委託する場合には，機密保持契約を締結した指定の委託先を利用すること．

❗ 運用上のポイント

記録媒体を使った情報漏洩は，少なくない．記録媒体は，多くの従業員によって取り扱われるので，取扱者1人ひとりが，記録媒体の管理を適切に行うように教育する必要がある．

13. ソフトウェア
13.1 機器には，情報システム部門が許可したソフトウェア以外のソフトウェアをインストールしてはならない．
13.2 ソフトウェアの不正コピーは，行ってはならない．ソフトウェアの使用状況などを定期的に調査し，ソフトウェアの適切な利用を図ること．

> 条文の意味

ソフトウェアの安易なインストールは，機器の不具合を起こすだけではなく，バックドアとよばれるハッカー専用の入口を作ったり，内部の重要情報をインターネットなどからハッカーサイトなどへ送ったりしてしまう可能性がある．

❗ 運用上のポイント

❶ セキュリティポリシーには，ソフトウェアのライセンス管理に関する項目が盛り込まれることが多い．ソフトウェアは，フリーウェア，シェアウェア，一般商用ソフトウェアのいかんを問わず，ライセンスを管理する必要がある．

❷ ソフトウェアのライセンス管理に当たっては，通商産業省の『ソフトウェア管理ガイドライン』（http://www.jipdec.or.jp/security/soft-kanri.htm）

を参考にするとよい．

> **14. バックアップ**
> 14.1 情報およびソフトウェアは，定期的にバックアップを取ること．バックアップされた情報およびソフトウェアは，遠隔地にて業務上必要な期間保存すること．
> 14.2 業務上重要な情報およびソフトウェアは，迅速に復元できるように配慮してバックアップを取ること．
> 14.3 バックアップ情報およびソフトウェアは，業務上必要と定義した時間内で復元できるように定期的にテストすること．

■条文の意味

　従来のバックアップは，システムやシステムを稼動させるのに必要な情報を保持することが主な目的であった．しかし，ネットビジネスでは，可用性の確保が重要であり，バックアップを必ず行うとともに，速やかに復元できるようにする必要がある．

⚠ 運用上のポイント

　情報やソフトウェアに障害があった場合に，どの時点の状態（1時間前，1日前，1週間前など）に戻せればよいかを検討する必要がある．また，バックアップの漏れがないように注意する必要がある．

> **15. 運用管理記録**
> 15.1 運用管理者は，日々の運用内容（システムの起動や終了，エラーおよびエラーに対する対策，運用管理者名など）を記録し，保存すること．
> 15.2 運用管理記録は，定期的に点検・評価すること．

■条文の意味

　運用管理記録は，トラブル調査やセキュリティ監査を行う場合に必要となる資料である．

5.3 セキュリティスタンダード《機器・設備管理規程》

16. 問題発生時の対応

16.1 セキュリティ上の問題を発見した者は，遅滞なくセキュリティ担当者に報告すること．

16.2 セキュリティ担当者は，発生したセキュリティ上の問題に対して必要な対応を行うとともに，問題発生の事実と問題に対する対処の内容をセキュリティ管理責任者に報告すること．

16.3 発生したセキュリティ上の問題と対処の内容は，定められた期間，記録・保管すること．

条文の意味

　セキュリティ上の問題が発生したときの対応は，被害の拡大を防止し，早期復旧を行ううえで重要な項目である．また，問題発生に関する記録は，それを分析することによって再発防止に活用できる．

運用上のポイント

　セキュリティ上の問題発生時の対応は，迅速性を求められることから，報告手順や報告先などについて，あらかじめ定めておくとよい．

附　則

1. この規程は，　年　月　日より実施する．
2. この規程の改廃は，○○の承認を得て行う．

条文の意味

　附則は，通常このような規程に盛り込まれるものであり，規程の施行日，規程を変更する際の手続を定めている．

5.3.6 社内ネットワーク管理規程

　この規程は，社内のネットワーク上にある情報および情報システムのセキュリティを確保するための規程である．リスクをもたらす原因には，社外からの不正なアクセスの他に，社内での権限をもたない者による不正なアクセスがある．特にユーザーIDやパスワードの管理，ウイルスのチェックは，ネットワークのセキュリティを確保するうえで重要な事項である．

1. 目　的
　この規程は，社内ネットワークの情報，情報システムおよびサービスの保護を行うために遵守すべき事項を定めることを目的とする．

▎条文の意味▎

　イントラネットなどの社内ネットワークの運用方法を定めることにより，社内システムや社内にある情報の論理的なセキュリティを確保することが目的である．

2. 定　義
　この規程で使用する用語は，以下のとおり定義する．
（1）　社内ネットワーク　イントラネットなどの社内ネットワークインフラ，各種サーバー，クライアントおよびアプリケーションシステムをいう．
（2）　ユーザーID　利用者や特権者を識別する情報をいう．
（3）　パスワード　ユーザーIDに付随して利用者や特権者を識別するための情報をいう．ユーザーIDとパスワードの組合せにより利用者や特権者を識別する．
（4）　アクセス権限　情報または情報システムに対する閲覧，削除，変更，実行などの行為を行う権限をいう．
（5）　特権　情報システムの設定変更やシステムの起動などのシステム全体へ影響を与えられる特別な権限をいう．
（6）　ウイルス　電子メールやデータの交換により感染し，プログラムの起動や設定されたときに情報の破壊や漏洩を引き起こすプログラムをいう．
（7）　アクセスポイント　外部から電話回線もしくは無線などにより外部のコンピューターシステムをネットワークに接続するところ，もしくは装置をいう．

5.3 セキュリティスタンダード《社内ネットワーク管理規程》

条文の意味

この規程は，ネットワークの利用者と運用管理を行う者の両者を対象としていることから，規程で使用する用語について共通の定義が必要である．

> **3. 適用範囲**
> この規程は，社内ネットワークに関する接続管理，運用管理および関連する業務に適用する．

条文の意味

社内のネットワークインフラ，サーバー，クライアントおよびアプリケーションシステムに関する接続管理，運用管理について適用する．

> **4. ユーザー登録**
> 4.1 業務上特別に複数のユーザーIDが必要な場合を除き，ユーザー1人に対して1つのユーザーIDを登録する．ユーザーIDの管理は，情報システム部門で行う．
> 4.2 退職などにより情報システムを使用する必要性がなくなった場合には，速やかにユーザーIDを抹消すること．
> 4.3 情報システム部門は，定期的にユーザーIDの登録および使用状況を調べ，不要なユーザーIDは速やかに削除すること．

条文の意味

ネットワーク上のアクセス権限は，ユーザーIDをベースに付与されている．また，ネットワークの利用を制限する第1関門がユーザー登録なので，ユーザーIDは重要である．

運用上のポイント

人事異動や退職にともなうユーザーIDの抹消やアクセス権限の変更手続の漏れを防止するために，人事システムと連携して自動的にユーザーIDの抹消やアクセス権限の変更を行うような仕組みを設けるとよい．ハッカーは使用し

ていないユーザー ID を足がかりにネットワークへ侵入してくるため，不必要なユーザー ID を定期的にチェックし，削除する必要がある．

> **5．パスワード**
> 5.1　ネットワークへのアクセスは，ユーザー ID とパスワードによってユーザーを認証する．
> 5.2　パスワードは，ユーザーが秘密に取扱い，本人のみが知っている情報であること．パスワードは，パスワードの所有者のみが設定・変更できるようにすること．
> 5.3　パスワードは 8 文字以上とし，本人に関連する情報や容易に推測できるパスワードは使用しないこと．
> 5.4　利用者間でのユーザー ID およびパスワードの共有は行わないこと．

■条文の意味

① ユーザー ID とパスワードの組合せにより本人確認を行うことを前提としている．生体認証（指紋認証，網膜認証など）が普及すると，パスワードの利用が少なくなるかもしれない．

② パスワードの文字数は，現状のコンピューターの性能から考えて 8 文字が妥当な文字数と考えられる．文字数は長ければ長いほどよいが，長くなると利用者が記憶しにくくなる．

③ パスワードの変更は，本人だけが行えるようにすることが原則である．ただし，情報システム部門はセキュリティ上の理由から，強制的にパスワードを変更することができる．

🛈 運用上のポイント

システム運用部門は，利用者がパスワードを忘れた場合，本人確認を行って新しいパスワードを発行する必要がある．その際の本人確認は，利用者の内線番号へコールバックして行うことが望ましい．また，発行するパスワードは，ユーザーごとに異なったものとする必要がある．

5.3 セキュリティスタンダード《社内ネットワーク管理規程》

6. アクセス権限の制御
6.1 情報および情報システムへのアクセス権限は，業務上の必要性に応じて付与すること．
6.2 重要な情報および情報システムに関する利用者，利用時間，利用状態などを記録・保存し，その内容を定期的に点検すること．

▎条文の意味

アクセス権限は，業務上の必要性を検討し，必要最低限にするとよい．ハッカーは，ユーザーIDを取得しアクセス権限の変更を試み，特権を取得しようとする．これを防止するために，業務上必要がないものに対してアクセス権限を与えることは避けなければならない．

7. 特権管理
7.1 特権（システムまたはアプリケーションの管理用特別権限）は，正式な文書の許可をもってシステム管理者によって，業務に必要な最低限の権限を与える．
7.2 システム開発における特権と，運用における特権を同じ従業員に与えないこと．
7.3 特権による操作は，リモート操作によって行わないこと．
7.4 特権をもつ者であっても，システムへの特権者名，操作時刻，操作内容はすべて記録し，一定期間保存すること．保存された記録は，定期的に点検すること．
7.5 利用者のユーザーIDと特権をもったユーザーIDは，それぞれ別に設定すること．

▎条文の意味

システム開発と運用の特権者を分離することにより，セキュリティレベルの向上を図っている．現状のTCP/IPでは，特別な暗号機能などを使わない場合，ネットワークを監視することによりパスワードを盗聴することができる．したがって，リスク低減のために特権者によるリモート監視は禁止している．

同一人物が，利用者として作業を行う場合と，特権者として作業を行う場合

191

第5章　セキュリティポリシーのモデル

には，ユーザ ID を分ける必要がある．そうすることで，特権をもったユーザ ID で，ログインしたまま離席したときに，本人以外の者による使用を防ぐことが大切である．

> **8. 離席時の注意**
> 8.1　離席時には，本人以外の者による情報および情報システムへのアクセスを制限するために，パスワード機能の付いたスクリーンセーバーを設定すること．
> 8.2　退社時や長時間席を離れる場合は，コンピューターの電源を切ること．

■条文の意味

　ネットワークにアクセスした後に本人が席を離れてしまうと，席を離れた人の端末を利用して情報や情報システムにアクセスできる．パスワード付きスクリーンセーバーを設定すれば，一定時間が経つと自動的に最初のログイン時と同じ状態にできるので，本人以外の者によるアクセスを防止できる．

> **9. ウイルス対策**
> 9.1　ネットワークに接続されたすべてのコンピューターは，アンチウイルスソフトを導入すること．
> 9.2　アンチウイルスソフトのウイルスのパターンファイルは，最新のものにすること．
> 9.3　アンチウイルスソフトの導入状況および設定状況は，定期的に評価すること．
> 9.4　社外から入手したプログラム，データ，電子メールは，利用前に必ずウイルスチェックを行うこと．
> 9.5　社外へ提出するプログラム，データ，電子メールは，送信前に必ずウイルスチェックを行うこと．

■条文の意味

　ウイルスは，メールを介して感染することが多いので，社内外に大きな影響を及ぼす．ウイルス対策のポイントは，ネットワークに接続されているすべてのコンピューターにアンチウイルスソフトを導入し，最新のウイルスパターンファイルを用いてチェックすることである．

5.3 セキュリティスタンダード《社内ネットワーク管理規程》

❗ 運用上のポイント

ウイルスは，電子メールの添付ファイルやFDのデータに感染することが多い．ウイルスの侵入口でチェックする方法が有効なので，メールサーバーにアンチウイルスソフトを導入するとよい．また，各利用者のコンピューターにも導入することを忘れてはならない．

---

10. アクセスポイントの設置
10.1 モデムなどによる外部からのアクセスポイントを，社内ネットワークに接続されたコンピューターに許可なく設置しないこと．
10.2 外部からの社内ネットワークへのアクセスは，利用者登録の他にリモートアクセス登録を行う．リモートアクセスの登録は，業務上必要な者に限定すること．
10.3 リモートアクセスするときには，ユーザーIDとパスワードによる認証の他にワンタイムパスワードの利用を検討すること．

条文の意味

正規のアクセスポイント以外にアクセスポイントを設置することは，社内ネットワークにセキュリティホールを生むことになるので注意が必要である．このような正規でないアクセスポイントは，ハッカーなどに狙われやすい．自宅や出先などの外部から社内ネットワークへのアクセスは，外部からの不正アクセスの可能性を高くするので，通常の利用者登録とは別に登録を行うとよい．

❗ 運用上のポイント

外部から社内へのアクセス時には，電話回線やインターネットなど一般の回線を経由する．そのため，ワンタイムパスワードなどのように，パスワードが盗聴されても問題のない認証システムを利用する必要がある．

第5章　セキュリティポリシーのモデル

> 附　則
> 1. この規程は，　年　月　日より実施する．
> 2. この規程の改廃は，○○の承認を得て行う．

条文の意味

　附則は，通常このような規程に盛り込まれるものであり，規程の施行日，規程を変更する際の手続を定めている．

5.3 セキュリティスタンダード《外部ネットワーク利用規程》

5.3.7　外部ネットワーク利用規程

　外部ネットワーク利用規程では，社内の情報および情報システムを保護するために，ウェブブラウジング（ホームページからの情報収集）や電子メールの利用および情報発信に関する取扱いを定める．また，外部ネットワークとの接続は，外部からの不正アクセスの可能性が生じるので，大きなリスクになることがある．したがって，外部ネットワークとの接続に関しても，この規程のなかでその手続を定める．

> **1. 目　　的**
> 　この規程は，外部ネットワークへの接続および外部ネットワークの利用にあたって当社の情報，情報システムおよび情報サービスを保護するために遵守すべき事項を定めることを目的とする．

▍条文の意味

　この規程は，外部ネットワークへの適切な情報発信と，外部ネットワークから社内への不正または不法な情報の流入を防ぎ，社内情報および情報システムを保護することを目的としている．

> **2. 定　　義**
> 　この規程で使用する用語は，以下のとおり定義する．
> （1）　ブラウジング　ウェブサーバーから発信された情報をブラウザーにより情報収集を行う行為をいう．
> （2）　電子メール　社内の電子メールシステムを介してインターネットメールとして外部のメールシステムへ接続するメールのことをいう．

▍条文の意味

　インターネットで利用されているサービスのうち，多くの企業で使われているものは，ウェブサーバーと電子メールによる情報収集・交換である．その他のインターネットサービスを利用している企業では，それらについても規程に盛り込むとよい．

第5章 セキュリティポリシーのモデル

3. 適用範囲
この規程は,外部ネットワークへの接続に関して適用する.なお,ブラウジングおよび電子メールによる外部との情報交換についても適用する.

4. 外部ネットワークへの接続
4.1 社内ネットワークから外部ネットワークへ接続する際には,外部ネットワーク接続にともなって発生する業務上のリスクを評価すること.
4.2 外部ネットワークとの接続に関する契約などの手続は,情報システム部門が行う.なお,契約には秘密保持の条項を含めること.
4.3 外部ネットワークとの接続は,定期的に評価し,必要がないものは速やかに接続をやめること.

条文の意味

外部ネットワークとの接続は,外部からの不正アクセス,不適切な外部ネットワークの利用による情報漏洩などのおそれがあるので,重要な管理項目である.外部ネットワークへの接続の可否は,基本的には業務上の必要性で判断するとよい.また,情報漏洩の可能性も大きいため,秘密保持契約を行う必要がある.

❗ 運用上のポイント

❶ アウトソーシングやリモートによる運用管理サービスを利用する場合についても,その内容に応じて外部ネットワークへの接続とみなして取り扱うとよい.

❷ 情報技術のスキルが高い部門では,部門独自に外部ネットワークと接続していることがあるので,注意が必要である.

5.3 セキュリティスタンダード《外部ネットワーク利用規程》

5. 外部への情報発信
5.1 外部への情報発信は，情報の正確性を確保し，業務上必要と判断される場合にのみ行う．
5.2 情報発信は，所定の手続に従って行い，情報の公開後もその可用性，インテグリティを確保すること．

条文の意味

外部への情報発信は，企業としての情報発信として捉えられるため，業務上必要があるかどうかの判断が必要である．情報を公開すると機密性はなくなるが，情報の可用性，インテグリティは保つ必要がある．

❗ 運用上のポイント

企業からの情報発信には，企業の一社員としての情報発信から，企業全体としての情報発信までさまざまなレベルがある．したがって，それぞれのレベルに応じた情報発信の手続を明確にする必要がある．特に企業全体として行う情報発信は，広報部などの主管部門による承認が必要である．発信した情報のインテグリティを確保するために，電子署名などの暗号技術を使う方法もある．

6. 情報収集
6.1 インターネットなどの外部ネットワークからの情報収集は，その目的を明確にしたうえで業務上必要なときに行うこと．
6.2 個人情報を収集する場合には，第三者のプライバシーを侵害しないように配慮すること．
6.3 収集した情報は，収集目的以外に使用しないこと．ただし，情報発信者の承認を得た場合は除く．

条文の意味

個人情報はもちろん，個人情報以外の情報についても企業の機密性，著作権上の問題から，不用意に外部情報を収集し，使用することは望ましくない．情報収集の際には，業務に必要な範囲にとどめるとともに，収集した情報を利用

する際には，第三者の個人情報や著作権の保護などに配慮すること．

---

7. 電子メールの使用

7.1 当社のシステムを利用し，当社の電子メールアドレスで送受信するときは，業務目的以外で使用しないこと．

7.2 機密性の高い情報を電子メールで送受信する場合は，暗号システムを用いること．

7.3 同時に不特定多数の人に，同じ電子メールを送付しないこと．

7.4 チェーンメールは，発信もしくは転送しないこと．

7.5 ファイルが添付された送信者の不明な電子メールは，開封せずに削除すること．

7.6 電子メールは，セキュリティ上の理由などにより，別途定める手順に従って調査される場合がある．

▌条文の意味

① 企業の電子メールアドレスによる情報の伝達は，企業の意見，考えなどとして捉えられるので注意する必要がある．また，電子メールアドレスのアカウント名がユーザー ID を兼ねている場合には，情報システムの重要事項であるユーザー ID を公開することになるので望ましくない．

② 現状の電子メールシステムでは，暗号システムを利用していないと盗聴されるおそれがある．したがって，重要情報の送受信に関しては暗号システムを利用すること．

③ チェーンメールは，ねずみ算式にメールの数が増加し，外部のメールシステムに迷惑をかけるだけでなく，自社のメールシステムにも脅威をもたらすので，注意する必要がある．

❗ 運用上のポイント

❶ 電子メールを利用する際のエチケットについて，利用者に周知するとよい．特に企業の電子メールアドレスを利用する際には，十分注意する必要がある．

5.3 セキュリティスタンダード《外部ネットワーク利用規程》

❷ 電子メールにはプライバシーに関する情報が入っている場合があるので，電子メールを不用意に調査するとプライバシーの侵害になるおそれがある．事前に利用者に対して，電子メールの調査について周知してトラブルが発生しないようにしておく必要がある．

---

8. ブラウジング
8.1 当社のシステムを使用したブラウジングは，業務上必要な範囲で行うこと．
8.2 ブラウジングの状況は，管理者により定期的に調査し評価すること．

条文の意味

ウェブサイト上にある情報は，業務上必要な情報からアダルトコンテンツ，違法性のある情報，娯楽情報までさまざまである．ブラウジングの際には，ウェブサイトから不正なプログラムを送り込まれる可能性があるので，注意する必要がある．

運用上のポイント

❶ 適切なブラウジングを推進するために，定期的にログのチェックなどを行い，不適切なアクセスをチェックするとよい．ただしこの場合には，利用者のプライバシー問題に発展するおそれがあるので，チェックすることを利用者に対して周知する必要がある．

❷ 不適切なブラウジングの予防策として，業務に関係のないウェブサイトへのアクセスを制限するフィルタリングソフトを導入すると効果的である．なお，このようなソフトを導入する場合には，業務上の必要性を十分検討したうえで，ブラウジングを制限するウェブサイトを設定する必要がある．なぜなら，特定の部署や担当者は，一般の従業員がアクセスしないウェブサイトへアクセスする必要性があるかもしれないからである．

第5章　セキュリティポリシーのモデル

9. 外部ネットワークへの攻撃の禁止
9.1　インターネットなどを通じて他のネットワークに接続している場合には，外部ネットワーク上の情報資産への不正なアクセスを行わないこと．
9.2　情報システム部門は，外部ネットワークへの攻撃ができないようにユーザーIDやポートを制限すること．

条文の意味

　外部ネットワークと接続すると，故意または過失を問わず，社内のネットワーク利用者が外部ネットワークを攻撃する可能性が生じる．このような場合には，攻撃を受けた企業は，どこのネットワークから攻撃されたかを調査し，当該ネットワークを管理する企業に対して抗議することがある．社内の利用者が社内システムを利用して，外部ネットワークを攻撃するような行為をしないように技術的対策を講じる必要がある．

❗ 運用上のポイント

　この条項で定めた事項を運用するためには，教育の他に，ファイアウォールなどの設定を見直す必要がある．見直すポイントは，内部から外部へのアクセスを制限することである．一般にファイアウォールの設定では，外部から内部へのアクセスについては十分検討されるが，内部から外部へのアクセスはされないことが多い．外部へのアクセスは，業務上必要なサービスに限定することが望ましい．

10. 著作権
10.1　インターネットなどの外部ネットワークと接続し，そこから情報を収集する場合には，第三者の著作権を侵害しないように注意すること．
10.2　外部ネットワークに対する情報発信に際しては，第三者の著作権を侵害しないように注意すること．

条文の意味

　インターネット上の情報は，無料であったり，簡単にコピーができたりする

5.3 セキュリティスタンダード《外部ネットワーク利用規程》

ため，いろいろなものに2次利用することが可能である．しかし，無料の情報であっても情報記載などの2次利用を制限していたり，条件をつけて利用を許可していたりするので注意する必要がある．

運用上のポイント

外部ネットワークに対する情報発信の手続の策定においては，発信する情報の著作権についても事前に確かめる必要がある．また，自社のホームページを他社のホームページとリンクさせる場合には，リンク先の承認を得る必要がある．

附　則
1. この規程は，　年　月　日より実施する．
2. この規程の改廃は，○○の承認を得て行う．

条文の意味

附則は，通常このような規程に盛り込まれるものであり，規程の施行日，規程を変更する際の手続を定めている．

5.3.8 業務継続規程

24時間，365日のサービスの提供が要求されるネットビジネスにおいて，業務の継続性に関するリスクは最も影響の大きいリスクの1つである．特にネットビジネスでは，自社のウェブサイトに潜在的な顧客を引きつけるまでが大変であるが，顧客がウェブサイトを使用したいときに使用できないと，顧客はすぐに同じようなサービスを提供している他のウェブサイトに行ってしまう．

一方，業務の継続性を高めるためには，高い可用性をもつシステムの構築や代替手段の用意に多大なコストを要する．したがって，企業は業務が継続できないことによるリスクの大きさと，そのリスクを軽減するための対策コストを比較して，適切な業務継続計画を策定する必要がある．

図5.19に示すように，業務継続計画は，リスクに応じたシステムの可用性を確保するための高可用性アーキテクチャー計画，システムがダウンした場合に代替手段によって一定のサービスレベルを確保するための緊急時対応計画，そしていち早く通常のサービスレベルを回復するための災害・障害時復旧計画からなる．セキュリティポリシーにおいては，すべての業務に共通して要求さ

図5.19 ● 業務継続計画の構成

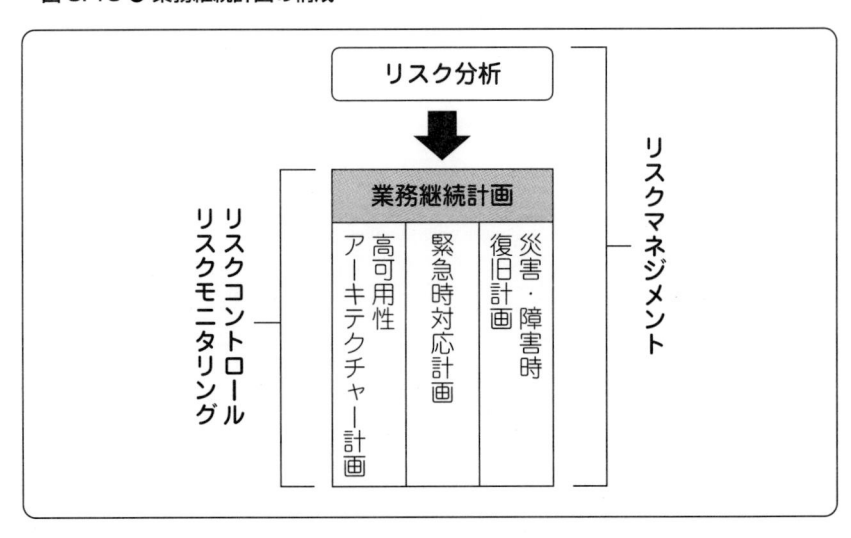

5.3 セキュリティスタンダード《業務継続規程》

れる業務継続計画の基本方針を明示する必要がある．この基本方針をもとに，各業務においては，詳細な業務継続計画を策定することになる．

1. 目　的
この規程は，業務を行うために必要な情報サービスの可用性や代替手段を確保し，それによってビジネス活動の継続性を高めることを目的とする．

条文の意味

この規程は，情報サービス（次の「2. 定義」で説明）の可用性や情報サービスが停止した場合の代替手段を確保することによって，ビジネス活動を支えるあらゆる業務について，その継続性を確保することを目的としている．業務の継続性を阻害する要因は情報サービスの停止だけではないが，今日のビジネス活動の情報システムへの依存度の大きさ（特にネットビジネスでは）から，ここでは情報サービスを中心とした業務継続について定めている．

運用上のポイント

❶　業種によっては，情報サービス以外の要因（例えば地震による建物の崩壊や労働争議）が業務の継続性に大きな影響を与える場合がある．その場合は，それに対する対応計画を別途策定する必要があるが，この規程で定める業務継続規程の内容の一部を適用できる．また，既にこれらの対応計画を策定している場合には，この業務継続規程にその内容の一部を適用できる．

❷　地震などの災害対策規程（マニュアル）がある場合には，業務継続規程の策定に際して，災害対策規程と整合性をとるようにすること．例えば，災害対策規程において，災害発生時に情報システムが3日以内に復旧するとしている場合には，情報サービスの業務継続規程もそれと同様のセキュリティレベルにする必要がある．

2. 定　義

この規程で使用する用語は，以下のとおり定義する．
（1） 情報サービス　顧客サービスおよび社内業務を行うために必要な情報の提供および情報システム処理の提供をいう．
（2） 可用性　必要とされる情報サービスに対して，提供できる情報サービスのレベルをいう．
（3） 許容停止時間　業務に大きな支障を及ぼさない範囲で，情報サービスの停止を許容できる時間をいう．システム部門が復旧計画を策定する場合の目標回復時間になる．
（4） 代替率　情報サービスが停止している場合に，代替手段（手作業など）によって，通常のサービスレベルを代替できる割合をいう．

条文の意味

この規程で使用する用語の意味を明確にしている．

3. 適用範囲

この規程は，顧客へのサービスおよび社内におけるすべての業務を対象とする．

条文の意味

ネットビジネスにおいては，顧客との接点であるウェブシステムのサービスの継続性が重要である．しかし，顧客サービスを支える社内の物流システムや会計システムが停止した場合には，結局顧客サービスの停止や遅延につながることになる．したがって，業務の継続性は，顧客に直接関係する業務だけではなく，それを支えるあらゆる業務を対象にしなければならない．

❗ 運用上のポイント

情報の階層化作業では，情報サービスを可用性の重要度に応じて分類する．この分類に従って，各情報サービスの業務継続規程策定の優先度や詳細さを決定していく必要がある．

5.3 セキュリティスタンダード《業務継続規程》

4. 業務継続計画の策定

各業務部門の責任者はシステム部門と協力して，各業務の継続性におけるリスクを分析し，必要な可用性を検討したうえで，それに応じた業務継続計画を策定すること．また，業務継続計画には最低限，次の内容を盛り込むこと．
(1) 情報サービス停止の業務への影響度（停止時期，停止時間ごと）．
(2) 情報サービスの許容停止時間．
(3) 許容停止時間内の可用性を確保するためのシステム計画．
(4) 停止期間中の代替手段およびその代替率．
(5) 情報サービス復旧のための計画．

条文の意味

業務継続計画策定の責任は，業務部門にある．これまでは，業務における情報サービス停止のリスクの大きさを考慮しないで，システムの二重化などのシステム上の可用性確保が行われていた．今後は，業務部門自らの分析にもとづくリスクに応じて，効率的に業務の継続性を確保しなければならない．

また，ここでは，業務継続計画に盛り込む最低限の内容を規程している．

運用上のポイント

わが国の多くの企業では，ユーザー部門による許容停止時間の決定から目標回復時間が決まるというステップではなく，情報システム部門主導による目標回復時間の設定のみが行われてきた．情報システムの企画主体がユーザー部門に移行しつつある今日においては，業務継続計画もユーザー部門が主体となって策定していく必要がある．

5. 業務継続計画の保守

業務またはシステムに大きな変更が生じたとき，その他業務部門の責任者が必要と認めたときは，適宜業務継続計画の見直しを行うこと．

条文の意味

業務やシステムに大幅な変更があった場合には，業務継続計画を見直すこと

第 5 章　セキュリティポリシーのモデル

を規程している．

⚠ 運用上のポイント

❶　前述のように業務継続計画は業務上の問題であることから，たとえシステム上の理由により業務継続計画を変更する場合においても，業務部門の責任者が承認を行うべきである．

❷　業務継続計画を見直すタイミングとしては，他に次のような場合がある．
　ⓐ　新たなリスクが生じたとき（インターネットとの接続など）．
　ⓑ　業務継続計画のテストやトレーニングを行って，問題点が発見されたとき．
　ⓒ　業務環境に変化が生じたとき（競争相手の出現により今まで以上に高い業務継続性が必要になったときなど）．

---

6. 業務継続計画のテストおよびトレーニング
業務継続計画は，その有効性の確認とトレーニングを兼ねて，その策定時や大幅な見直しが行われたときを含めて少なくとも年 1 回，テストを実施すること．

▎条文の意味

　適切な業務継続計画を策定しても，実際の使用時に適切に使用するためには，テストを実施し，計画の有効性を確認し，また関係者（指揮命令を行う責任者，システム部門や業務部門の要員，取引先など）に対してトレーニングを施す必要がある．

　有効性の確認には，設定された許容停止時間を達成するために，導入されたシステムの可用性や復旧計画が適切か，また停止時間中の代替手続が適切かどうかのテストが含まれる．テストによって問題点が明らかになった場合には，業務継続計画を見直さなければならない．

5.3 セキュリティスタンダード《業務継続規程》

！ 運用上のポイント

❶ 取引先などを巻き込んだトレーニングや代替手続まで含めた大規模なテストを実施するのは難しい．そこで，システムだけの部分的なテストやウォークスルーなどの机上テストなどと組み合わせて行うとよい．

❷ 年1回の業務継続計画のテストとして，防災の日（9月1日）の防災訓練などを活用するとよい．

附　則
1. この規程は，　年　月　日より実施する．
2. この規程の改廃は，○○の承認を得て行う．

条文の意味

附則は，通常このような規程に盛り込まれるものであり，規程の施行日，規程を変更する際の手続を定めている．

5.3.9 外部委託管理規程

米国に倣ってわが国においても積極的な情報投資が行われつつある．そのようななかにあって，情報投資を効率化するために，業務の一部をアウトソーシングしたり，システム部門を子会社化して情報システム機能を社外に出す企業が増えてきた．

アウトソーシングの目的は，投資を自社の中核業務（コアコンピタンス）に集中させ，付随業務を専門の会社にアウトソーシングすることにより，全体的な投資効率を高めるとともに，業務の質を向上させることにある．しかし，適切なアウトソーシング先の選定や管理が行われない場合には，かえってコストの増加を招いたり，セキュリティ上の問題や業務の非効率化を引き起こすことになる．

ネットビジネスをはじめるにあたっては，新たに業務システムを構築する場合が多く，また迅速な業務システムの構築が要求されるので，最初から業務システムの構築や運用を外部に依存する場合が多い．このことは，セキュリティ管理業務の大部分を外部に依存することを意味し，必要なセキュリティの確保を行うためには，適切な外部委託管理を行うことが必要になる．

1. 目　的
この規程は，情報サービスを外部に委託する場合において，当社ならびに当社の顧客および取引先などの情報を適切に保護するとともに，外部委託先から提供されるサービスのレベルを適切に維持することを目的とする．

条文の意味

外部委託管理の目的を示した条文である．情報漏洩問題の多くが，外部委託と関係して発生しており，業務を外部に委託する場合には，社内で業務を行う場合にまして，より徹底した情報セキュリティ管理が必要である．また，業務を外部に委託する目的は，委託業務を高いコストパフォーマンスで実施することにあるが，そのサービスのレベルを常に維持していく必要がある．

5.3 セキュリティスタンダード《外部委託管理規程》

2. 定　義

この規程で使用する用語は，以下のとおり定義する．
（1）外部委託先　業務を委託する外部業者をいう．
（2）情報サービス　顧客サービスおよび社内業務を行うために必要な情報の提供および情報システム処理の提供をいう．
（3）サービスレベル　情報サービスに関する信頼，安全および効率面での品質をいう．

条文の意味

この規程で使用する用語の意味を明確にしている．

3. 適用範囲

この規程は，情報サービスを外部に委託する場合に適用する．

条文の意味

この規程の適用範囲を示している．今日，企業はさまざまな業務を外部に委託しているが，ネットビジネスの観点から，特に情報サービスに関する外部委託に着目し，この規程を定めている．

❗ 運用上のポイント

❶ 業務継続計画と同様に，この規程で定める内容の一部を情報サービス以外の外部委託管理規程にも適用できる．また，既に外部委託管理規程を策定している場合には，この外部委託管理規程にその内容の一部を適用できる．

❷ システム開発の一部を委託している場合，システム運用のすべてを委託している場合など，企業によって委託の形態はさまざまである．企業の状況に応じて，この規程を修正して利用されたい．

第5章　セキュリティポリシーのモデル

> **4. 外部委託先の選定および契約**
> 4.1　外部委託先を選定する場合には，外部委託先が提供するサービスの内容とそのサービスレベルをあらかじめ定めておくこと．
> 4.2　外部委託先を選定する場合には，原則として複数の会社から提案を受け，外部委託の目的およびコストパフォーマンスを比較して選定すること．
> 4.3　外部委託先を選定する際には，当該契約に関連して，外部委託先が当社のセキュリティポリシーを遵守することを確認すること．
> 4.4　外部委託先との契約には，外部委託先に対する当社の監査権を盛り込むこと．

条文の意味

適切なサービスレベルを確保するためには，外部委託先を選定する前に，外部委託する業務の適切なサービスレベルを定めておく必要がある．このサービスレベルの合意のことを（SLA：サービスレベルアグリーメント）という．

❗ 運用上のポイント

❶　外部委託先にセキュリティポリシーを遵守させるためには，外部委託先にセキュリティポリシーを公開することになる．外部委託の内容にもよるが，通常は，外部委託先を対象としたセキュリティポリシーを策定し，これを外部委託先に提示することで十分である．

❷　監査権に関しては，あらかじめどのような監査を実施できるのかを明確にしておかなければならない．

> **5. 外部委託先および委託業務の管理と監査**
> 5.1　外部委託先の所管部門は，定期的に委託業務の状況について委託先から報告を受けること．
> 5.2　監査部門は，外部委託先との契約条項にもとづいて，外部委託先の監査を実施すること．

条文の意味

外部委託先と合意したSLAが維持されていることを管理（SLM：サービス

5.3 セキュリティスタンダード《外部委託管理規程》

レベルマネジメントという）するためには，定期的なチェックが必要である．また，外部委託先に対して監査を実施する必要がある．監査は合意されたサービスレベルが保たれていること，セキュリティポリシーが遵守されているかどうかの確認が中心となる．

❗ 運用上のポイント

わが国においては，外部委託先に対して委託元が監査を実施することはまだ一般的ではない．契約に監査権を盛り込むことが難しかったり，要員上の問題で監査の実施が難しい場合には，少なくとも外部委託先において監査を実施しているかどうかを確認すべきである．その場合，監査は第三者によって実施されていることが望ましい．可能であれば監査の内容や監査結果を参照することを外部委託先の選定時に確認し，契約に盛り込んでおく必要がある．

附　則
1. この規程は，　年　月　日より実施する．
2. この規程の改廃は，○○の承認を得て行う．

条文の意味

附則は，通常このような規程に盛り込まれるものであり，規程の施行日，規程を変更する際の手続を定めている．

第5章 セキュリティポリシーのモデル

付録● 外部委託契約におけるセキュリティに関するチェックリスト

■ チェックリストの利用方法
① このチェックリストは，システムの運用および開発を外部委託する場合に取り決めておくべき主要事項をまとめている．セキュリティに関する取り決めは，必ずしも契約書に記載しなければならないものではなく，契約書に添付されたサービスレベルアグリーメントや覚書に記載してもよい．
② また，外部委託企業向けのポリシーを策定し，それを遵守する旨を契約書に織り込む方法もある．
③ 外部委託業務の範囲，知的財産権の帰属，検収，支払，契約の解約，管轄裁判所，協議事項などの契約書に盛り込む一般的な事項については，このチェックリストに記載していない．契約に際しては，これらの事項もあわせて検討する必要がある．
④ チェックリストの項目をすべて契約書に記載する必要はない．外部委託の内容によって，加筆・修正・削除して利用されたい．

項　目	チェック内容	ポイント
セキュリティポリシーの準拠に関する事項	自社のセキュリティポリシーに準じた取り扱いになっているか．	セキュリティ水準の確保．
	自社のセキュリティポリシーを尊重し，その運用に協力することが盛り込まれているか．	セキュリティ水準の確保．
管理体制に関する事項	外部委託先の責任者を任命しなければならないことが定められているか．	責任者の明確化．責任の意識づけ．
	外部委託先の責任，義務，自社の権限などを明確にしているか．	管理責任，義務などの明確化．
	委託業務の遂行状況に関する報告義務を盛り込んでいるか．	進捗管理．
	事故，障害などが発生した場合の連絡体制，連絡方法などに関して定めているか．	問題発生の早期把握，被害の拡大防止．連絡窓口の明確化．
情報および情報システムの取扱者に関する事項	外部委託先で情報および情報システムを取扱う者を限定する定めがあるか．	機密保護．情報漏洩リスクの低減．
	外部委託先で情報および情報システムの取扱者が負う注意義務に関して定めているか．	セキュリティ侵害の予防，早期発見，セキュリティ意識の向上．
	外部委託先で情報および情報システムを取扱う者について，問題が発生した場合の報告義務，応急措置などに関する定めがあるか．	セキュリティ侵害の早期発見，被害拡大防止．

付録　外部委託契約におけるセキュリティに関するチェックリスト

項　目	チェック内容	ポイント
情報および情報システムの保護に関する事項	外部委託先で情報および情報システムを取扱う者に対して，セキュリティ教育を行うことが定められているか．	セキュリティポリシーの遵守，セキュリティ意識の向上．
	自社から提供する情報または情報システムは，委託業務の遂行のためだけに利用しなければならないことを定めているか．	不正利用の防止．
	情報および情報システムの取扱場所を限定し，持出しを制限しているか．	機密保護．
	委託業務の遂行に際して提供し，または利用を許可した情報およびソフトウェアを無断で複製することを禁止しているか．	機密保護，知的財産の保護．
	委託業務のなかに個人情報を取扱う業務がある場合には，個人情報を適切に保護することが盛り込まれているか．	個人顧客の情報保護．
	委託先がネットワークを利用して情報またはソフトウェアを送受信することを制限しているか．	機密保護，知的財産の保護．
情報機器，設備，媒体に関する事項	委託業務の遂行に際して使用する機器，設備，媒体などに関して定めているか．	資産管理の明確化．
	委託先に機器，設備，媒体などを貸与する場合には，それらの適正管理に関して定めているか．	機密保護，資産管理．
	委託先に貸与する機器，設備，媒体の持出禁止に関して定めているか．	機密保護，資産管理．
	委託先に貸与した機器，設備，媒体の返却に関して定めているか．	外部委託終了時の扱いの明確化．
	委託先の従業員が所有する機器，設備，媒体の持込みを禁止しているか．	機密保護，ウイルス対策
監査権に関する事項	委託先におけるセキュリティ確保の状況を確かめるための監査権（検査権）に関して定めているか．	セキュリティ確保状況のチェック．

第5章 セキュリティポリシーのモデル

項　目	チェック内容	ポイント
	監査実施に際して，委託先の協力義務を織り込んでいるか．	監査の円滑な実施．
損害賠償に関する事項	委託業務の遂行に際して生じる損害に関する賠償責任について定めているか．	セキュリティの意識づけ，回復対策．
その他の事項	システムの運用業務を委託する場合には，システムの可用性レベルに関して定めているか．	サービスレベルアグリーメント．

索　引

英字

ASP 113
Assurance Services 23
B to C 16, 135
BS 7799 .... 41, 89, 99
CISO 69
CRM 17, 104
ISO 15408 .... 34, 134
JIS Q 15001 .... 93, 105, 159
need to know 118
PDA 178, 180
Security Attitude 82
SSL 141
UPS 181

あ行

アウトソーシング 174, 208
アクセス管理 117
アクセス権限 118, 188
　──の制御 191
アクセスコントロール 154
　──ソフトウェア 116
アクセスポイント 188
　──の設置 193

暗号化 140
安全性確保 172
アンチウイルスソフト 121, 192
違法コピー 107
インターネット取引所 16
インターネット利用者 18
インテグリティ 60, 63, 88
ウイルス 188
　──対策 120, 192
運用管理記録 186
オンラインマーク制度 24, 142

か行

開示請求 175
ガイドライン 31
外部委託 112, 174
外部委託管理規程 208
外部委託先の選定 210
外部コンサルタント 39
外部ネットワーク 124
　──への攻撃の禁止 200
　──への接続 196
　──利用規程 195
価値連鎖重視型ビジネスモデル 16

索　引

可用性 60, 63, 87, 204
カルチャー 82
監査 44, 114
　　──権 174, 210
　　──証跡 143
　　──部門 72
間接収集 166
機器・設備管理規程 178
機器・設備の移動 183
機器・設備の処分 183
機器の管理 155
基本方針書 25, 41, 86
機密性 45, 60, 63, 88
逆オークション 3
ギャップ 48
　　──分析 72
脅威 57
　　──分析 55
業務継続規程 202
業務継続計画 113, 181
　　──の策定 205
　　──のテスト 206
　　──の保守 205
許容停止時間 204
記録媒体の取扱い 185
緊急時対応計画 202
金融機関などにおける個人データ保護のための取扱指針（改正版） 159
グローバルスタンダード 41
経営資源 17
コアコンピタンス 208

高可用性アーキテクチャー計画 202
効率性 158
顧客情報 100, 161
　　──の管理責任者 176
　　──の収集 162
　　──の提供 169
　　──の保護 92, 104, 134
　　──の利用 167
　　──の漏洩事件 135
極秘 45
個人情報 161
　　──保護 92
　　──保護ガイドライン 93, 105, 159
　　──保護ポリシー 165
固有リスク 51
コンティンジェンシープラン 113
コンピューターウイルス対策基準 121
コンピュータ緊急対応センター 111
コンプライアンスプログラム 177

さ行

災害・障害時復旧計画 202
策定組織体制 38
サーバーの保護 145
サービスレベル 209
　　──アグリーメント 210
　　──マネジメント 210
残余リスク 51
事故・障害の連絡 110
システム監査 96, 143

索 引

実践遵守計画	177
社外秘	45
社内ネットワーク管理規程	188
社内ネットワークのセキュリティ	114
収集情報の制限	164
収集方法の制限	163
私有パソコン	117
重要情報の保護	143
重要度	44, 151
——分析	61
守秘義務	111
遵守義務	105
障害対策	138
情報	100
情報価値の創造	16
情報活用型ビジネスモデル	17
情報管理者	71
情報管理責任者	71
情報サービス	204, 209
情報資産	44, 81
——表	54
——分析	53
情報収集	40, 197
情報セキュリティ委員会	69
——事務局	70
情報セキュリティ規程	97
情報セキュリティ基本方針書	33, 86, 91
情報セキュリティ統轄役員	69
情報提供型ビジネスモデル	16
情報の収集・利用	125
情報の発信	124, 197
情報のライフサイクル	72, 149
情報倫理	106
——教育	95
情報漏洩事件	146
人事評価	42, 76
スタンダード	31
——の体系	89
正確性確保	171
脆弱性	111
——分析	59
セキュリティ	22
——インフラ	37
——エリア	179
——監査	96, 186
——管理責任者	101
——機能	108
——教育	28, 95, 173
——コンサルタント	59
——スタンダード	25, 33, 47
——製品の評価	134
——専門部門	70
——対策	100, 133
——担当者	103
——の定義	99
セキュリティポリシー	7, 25
——に対する署名	43
——の運用	76
——の運用組織体制	69
——の改定	81
——の啓蒙と教育	75
——の構成	32

217

索 引

──の策定手順 38
──の体系 30, 47
──のライフサイクル 68
セキュリティホール 7, 127, 141
接続管理 116
ソフトウェア管理ガイドライン 185

た行

代替率 204
立入検査権 112
段階的なセキュリティポリシーの
　導入 74
チェーンメール 120, 198
知的財産権の保護 106
知的財産権のリスク 5
注意義務 109
直接収集 165
著作権 107, 125, 200
DoS攻撃 57, 58
デジタルプラットフォーム 19
電源の確保 181
電子商取引 14
　──化率 15
電子情報 149
　──管理規程 148
　──の作成および取得 151
　──の廃棄 154
　──の利用 153
電子帳簿保存法 138
電子メール 119, 195

──の使用 198
匿名性 19
特権 188
　──管理 191
取引上のリスク 4
取引内容の明確化 144
取引のチェック 139
取引記録の保存 138

な行

ナレッジマネジメント 37
24時間・リアルタイムビジネス 19
ネット企業側のリスク 19
ネット顧客側のリスク 19
ネット取引 138
ネット犯罪 6
ネットビジネス 14, 126, 130
　──管理規程 129
　──システム 132
　──におけるリスク 65
　──に特有の脅威 57
　──の責任者 131
　──のセキュリティ 26
ネットワーク配線 181

は行

廃棄処理 155
媒体の管理 119, 156
パスワード 188, 190

索　引

―管理 140
ハッカー 1, 57, 111, 127
ハッキングソフトウェア 66
バックアップ.................. 146, 157, 186
罰則 42, 76, 105
パワーユーザー 116
ビジネス継続 24
ビジネスプロセス 17
ビジネスモデル 14, 107
　　―特許 132
秘密保持 173
ファイアウォール 122, 123, 200
フィルタリングソフト 199
部外秘 45
不正アクセス 137
　　―行為の禁止に関する法律 123
　　―対策基準 123
　　―の防止 123
プライバシー権 175
プライバシーマーク 23, 174
ブラウジング 195, 199
文書化されていないコントロール 42
米国公認会計士協会 23, 142
ペネトレーションテスト 78, 127
変更管理 115, 122
ベンチマーキング手法 36
保守 182
ボーダーレス化 4
ホームページによる企業批判 3

ま行

無停電電源装置 181
名簿業者 166
目に見えないリスク 1
目的外の提供 171
目的外の利用 169
目的内の提供 170
目的内の利用 168
モニタリング 44, 72, 147
　　―の種類 77
　　―の必要性 77
モバイル機器 178, 184
問題発生時の対応 187

や行

有効性 158
ユーザーID 188
ユーザー登録 189
予防対策 115

ら行

リスク 62
　　―センス 6
　　―テイク 35
リスク分析 62
リスク評価 44, 111
　　―技法 36
　　―の手順 52

219

索　引

──の目的 50
リスクマネジメント 202
リモート監視 191

倫理意識 105
例外事項 73, 80

─── 電子ファイル無料提供のご案内 ───

　本書で作成した「セキュリティポリシーのモデル」の電子ファイルを希望者に無料で進呈いたします．お申し込み方法は，下記をご覧ください．

■データの形式と送付方法
　① 　データの形式：Windows版のMicrosoft Word 95，またはテキストファイル．
　② 　送付方法：電子メールに添付してご送付させていただきます．

■お申し込み方法
　電子メールで下記の事項をご記入の上，ご請求ください．
　① 　メールの本文には，名前，所属，住所，電話番号をご記入ください．
　② 　メールの件名（題名）には，「電子ファイル希望」とご記入ください．

■お申し込み先メールアドレス
　ani-suzu@red.an.egg.or.jp

著者紹介

島田　裕次（しまだ　ゆうじ）　（執筆担当：プロローグ，第1章，5.1，5.2節，5.3.1～5.3.4項，付録）
1956年　東京都生まれ
1979年　早稲田大学政治経済学部卒業
　　　　東京ガス㈱入社．営業所勤務の後，システム開発・維持管理，システム企画を担当．経理部，情報通信部（システム総務グループ）を経て，現在，監査部監査第1グループ副部長．
　　　　日本大学商学部非常勤講師（コンピュータ会計）．
著　書　『セキュリティハンドブックⅠ～Ⅲ』（編著），日科技連出版社，1998年．
　　　　『電子帳簿・帳票とビジネス改革』，日科技連出版社，1999年．

榎木　千昭（えのき　ちあき）　（執筆担当：第2章，第4章，5.3.8，5.3.9項）
1961年　福岡県生まれ
1985年　市立北九州大学法学部卒業
　　　　外資系コンピュータメーカーを経て，KPMGセンチュリー監査法人入所．現在，KPMGビジネスアシュアランス㈱IRM事業部統轄取締役．
　　　　情報システムコントロール協会（ISACA）東京支部会長．
著　書　『バリューベースナレッジマメネジメント』（監訳），ピアソン・エデュケーション，2000年．

満塩　尚史（みつしお　ひさふみ）　（執筆担当：第3章，5.3.5～5.3.7項）
1965年　鹿児島県生まれ
1996年　筑波大学大学院博士課程物理学研究科修了．理学博士．
1998年　KPMGコンサルティング㈱入社．
　　　　現在，KPMGビジネスアシュアランス㈱Information Risk Managementのマネージャ．